„XY …
schnell gelöst!“

Lernspiele für Mathematik

Klasse 5–10

Ricardo John

Cornelsen

Der Autor
Ricardo John ist Lehrer an der Philipp-Reis-Schule in Berlin-Lichtenberg und unterrichtet die Fächer Mathematik und Biologie.

Projektleitung: Irena Reinhardt / Hannah Feyen, Berlin
Redaktion und Sachzeichnungen: Stefan Giertzsch, Werder (Havel)
Umschlagkonzeption/-gestaltung: Ungermeyer, Berlin
Layout / technische Umsetzung: LemmeDESIGN, Berlin

www.cornelsen.de

1. Auflage, 3. Druck 2023

Druck: Esser printSolutions GmbH, Bretten

PEFC
PEFC/04-31-2851

PEFC-zertifiziert
Dieses Produkt stammt aus nachhaltig bewirtschafteten Wäldern und kontrollierten Quellen
www.pefc.de

Inhalt

Nr.	Seite	Klasse	Spiel	Zahl und Kopfrechnen	Messen	Größen und Einheiten	Mathematische Fachbegriffe	Koordinatensystem	Daten, Zufall, Wahrscheinlichkeit	Funktionaler Zusammenhang	Raum und Form	Recherchen
RATE- UND QUIZSPIELE												
1	8	5–9	Original-Modell-Paarsuche			×	×		×	×	×	
2	14	5–8	Schätze mal!	×	×	×						
3	18	5–10	Quizduell und Bankrutschen	×		×	×	×	×	×	×	
4	24	9–10	Quiz der Funktionen							×		
5	26	5–10	Smilie-Spiel: wahr, falsch, weiß nicht	×		×	×	×	×	×	×	
STRATEGIE- UND RECHENSPIELE												
6	28	5–7	Plus und minus	×								
7	32	5–10	Die Kartenleger	×								
8	35	5–7	Domino – bauen und rechnen	×								
9	37	5–10	Schiffe aufspüren					×	×		×	
10	39	7–10	XY ... schnell gelöst!	×						×		
11	41	5–10	Maßeinheiten in Kette	×		×	×					
12	45	5–6	Kassierer im Supermarkt	×								
GLÜCKSSPIELE												
13	46	7–10	Schere – Stein – Papier						×			
14	48	7–8	Wer würfelt den größten Betrag?	×					×			
15	50	5–10	Rundum glücklich	×					×			
16	52	5–6	Schüttle mich!	×					×			
BEWEGUNGS- UND GESCHICKLICHKEITSSPIELE												
17	53	7–10	Die Schulhofvermesser	×	×	×	×				×	
18	56	5–10	Wir suchen das SUPERSTAR-Steckbild!					×			×	
19	59	5–6	Um die Wette Falten	×	×						×	×

Nr.	Seite	Klasse	Spiel	Zahl und Kopfrechnen	Messen	Größen und Einheiten	Mathematische Fachbegriffe	Koordinatensystem	Daten, Zufall, Wahrscheinlichkeit	Funktionaler Zusammenhang	Raum und Form	Recherchen
APP- UND COMPUTERSPIELE												
20	61	7–10	Domino-Rechnen – online	×								×
21	63	5–10	Sudoku – online	×								×
22	65	5–10	Zahlenmauern – online	×								×
23	67	7–10	Kreuzworträtsel – online				×					×
24	70	7–10	Würfeln – online	×								×
KONSTRUKTIONSSPIELE												
25	72	7–10	Die Grundstücksplaner	×	×	×					×	
26	75	9–10	Ich bau dir ein Haus!	×	×	×					×	
27	83	7–10	Streichholzrätsel	×	×						×	×
28	86	5–8	Zollstock – Figuren	×	×	×					×	

Die Einteilung von Spielen erfolgt in den entsprechenden Wissenschaften nach teilweise sehr unterschiedlichen Merkmalen. Dabei steht häufig der Grad und die Art der Anforderung an die Spiele im Focus. Eine einheitliche Einteilung existiert jedoch nicht. Die hier vorgenommene Klassifizierung der Spiele erhebt keinen Anspruch auf Vollständigkeit und einer genauen Abgrenzung, sondern dient lediglich der besseren Übersichtlichkeit und einer schnellen Einordnung in Ihren Unterricht.

Die angegebenen Angaben zu den jeweiligen Klassenstufen haben empfehlenden Charakter und beziehen sich auf einen schwerpunktmäßig besonders geeigneten Einsatz. Unter Berücksichtigung der konkreten Bedingungen innerhalb der Lerngruppe, der fachlichen Inhalte, der Differenzierungsanforderungen, des gewünschten Schwierigkeitsgrades und Umfanges usw. können die vorgestellten Spiele angepasst, konkretisiert und modifiziert werden und somit für jede Jahrgangsstufe genutzt werden.

Vorwort

Unter Lernspielen bzw. didaktischen Spielen versteht man Spiele, die von der Form her einem Gesellschaftsspiel ähneln, jedoch inhaltlich gezielt Wissen zu konkreten Lerninhalten vermitteln sollen. (vgl. Oerter, R. (2007) Zur Psychologie des Spiels)

Lernspiele bzw. didaktische Spiele vermitteln mittels spielerischer Handlungen Wissen, Können und/oder Fertigkeiten zu einem ausgewähltem Themenkomplex. Die methodische Gestaltung von Lernprozessen in Form von Spielen lässt sich prinzipiell in allen Unterrichtsphasen (Wiederholung, Festigung, Übung, Neuerwerb, Kontrolle usw.) einsetzen.

Spiele im Unterricht eignen sich besonders gut als Impulsgeber für die Vermittlung mathematischer Fähigkeiten und Fertigkeiten. Sie können ihrer didaktischen Dimension optimal gerecht werden, wenn adäquate und sinnstiftende Betrachtungen hinsichtlich der mathematischen Auswertung im unterrichtlichen Kontext erfolgen. Das ist beispielsweise durch begleitende Berechnungen, verbale Analysen und grafische Darstellungen umsetzbar. Somit sollten Spiele in der Regel im unterrichtlichen Gesamtzusammenhang geplant, durchgeführt und ausgewertet werden.

Der Einsatz von Lernspielen kann didaktisch-methodisch in vielerlei Hinsicht mit dem **Experimentieren** (lat. *versuchen, prüfen, probieren ...*) im Unterricht verglichen und beschrieben werden. Das Spielen im Mathematikunterricht meint ebenfalls im weitesten Sinne die Gesamtheit praktischer Tätigkeiten und Handlungen mit der zentralen Intention, Wissen und Können empirisch zu generieren. Die Schülerinnen und Schüler lernen, indem sie ihre unmittelbar zugängliche Erfahrungswelt schwerpunktmäßig mit den Mitteln der Mathematik (altgriechisches Adjektiv: die Kunst des Lernens) erkunden. Spielerische Tätigkeiten ermöglichen und fördern längere Phasen der **selbstständigen Lernarbeit** mit unterschiedlichen Sozialformen. Weiterhin leistet die Einbeziehung von Spielen in die Unterrichtsarbeit einen nicht zu unterschätzenden Beitrag zur **Differenzierung des Unterrichts** hinsichtlich unterschiedlicher Faktoren, wie dem individuellen Lerntempo der Schüler, der Nutzung von Partner- und Gruppenarbeit, dem Umfang des Lernstoffs, der Bereitstellung von Hilfestellungen usw.

Für das „spielerische Lernen“ als eine didaktische Methode innerhalb des Mathematikunterrichts sprechen u. a.:

- Die Freude am Spielen als eine allgemein vorhandene, natürliche und damit effiziente Form der Motivation.
- Der unterhaltsame und kurzweilige Erwerb von Wissen und Können.
- Eine ursprüngliche Form des Aufbaus, der Förderung und der Pflege freundschaftlicher und respektvoller sozialer Beziehungen.
- Die Schaffung einer aktivierenden, den Unterricht belebenden und fördernden Wettbewerbssituation.
- Unterschiedliche Unterrichtsinhalte werden durch die konkrete Spielsituation verknüpft und komplex vernetzt.
- Eine zeitnahe und gut nachvollziehbare Auswertung der Unterrichtsinhalte.
- Der Ablauf des Unterrichtsgeschehens ist in Form spezieller Spielregeln den Schülern bereits bekannt oder wird gemeinsam geplant bzw. entsprechend den konkreten Bedingungen präzisiert.
- Das Potential für Differenzierungsmaßnahmen insbesondere durch die Sozialformen, den Zeitfaktor und den Stoffumfang.

Entsprechend dem aktuellen Trend zur **Digitalisierung** sämtlicher Bereiche unseres Lebens, sind digitale Spiele und hier insbesondere der Einsatz von Smartphones von besonderer Bedeutung für die Gestaltung innovativer Unterrichtsprozesse. Für sämtliche Themen und Anwendungen steht online ein reichhaltiges Angebot kostenloser und geeigneter Apps zur Verfügung. Da viele Spiele-Apps in englischer Sprache vorliegen, ergeben sich spannende und interessante Möglichkeiten für die Nutzung im **bilingualen Unterricht.**

Apps können bereits im Betriebssystem (z. B. Windows, iOS, Android) vorhanden sein oder nachträglich installiert werden. Besonders anwenderfreundlich sind Web-Apps, die direkt im Web ausgeführt werden. Zusätzliche Kosten sind auch zu vermeiden, da in der Regel für viele Anwendungen kostenlose Apps angeboten werden bzw. die Grundfunktionen gratis sind. **Bitte testen Sie** stets persönlich die Apps, die Sie im Unterricht verwenden möchten, um sicher zu stellen, dass die eventuell integrierte Werbung angemessen ist und die Bedienung möglichst einfach (selbsterklärend) ist.

Klären Sie im Vorfeld, ob die gewählte App eine Registrierung mit der Angabe einer E-Mail-Adresse erfordert. Für diesen Fall suchen Sie Alternativen für diese App, die die gleichen Funktionen bieten. Ansonsten realisieren Sie die **Zugangsformalitäten** mit den Schülerinnen und Schülern rechtzeitig vor dem Spielen mit der App.

Auf die **Angabe von Zeiten** für Durchführung der vorgestellten Spielideen wurde verzichtet, da die Spiele im Kontext einer vollständigen Unterrichtssequenz geplant wurden und zeitlich eine Anpassung an die jeweilige Lerngruppe erfordern.

Für die Themen stehen **variabel einsetzbare Bausteine** (Arbeitsblätter, Aufgabenkarten usw.) zur Verfügung, die Sie entsprechend den konkreten Unterrichtsbedingungen modifizieren, ergänzen und erweitern können.

Hinsichtlich des Einsatzes von **Taschenrechnern** entscheiden Sie selbst, ob und bei welchen Themen Sie den Taschenrechner zulassen.

Viel Spaß und Erfolg mit den hier vorgestellten Spielideen.

Aus Gründen der besseren Lesbarkeit wird teilweise nur die männliche Form der Ansprache verwendet. Es sind auch stets die weiblichen Adressaten mit angesprochen. Wir bitten um Ihr Verständnis.

Original-Modell-Paarsuche

Klassenstufe	5 bis 9
Sozialform	Partnerarbeit oder Gruppenarbeit (bis maximal 4 Spieler)
Kompetenzen	Die Schüler ordnen den Originalkörpern, Gegenständen, Sachverhalten usw. die entsprechenden mathematischen Modelle zu und trainieren ihre Gedächtnisleistungen.
Material	Kartenpaare mit jeweils einem Original und dem entsprechenden mathematischen Modell
Einbindung in den Unterricht	Besonders geeignet für Übungen zu einem Themengebiet (z. B. geometrische Flächen und Körper) und themenübergreifend zur Vorbereitung von Klassenarbeiten und Prüfungen.

Die Schülerinnen und Schüler sollen möglichst viele zusammengehörende Original-Modell-Paare aus dem Spielkartenpool ziehen und passend entnehmen. Dazu müssen sie sich die Inhalte und die Lage der bereits aufgedeckten Karten merken.

ABLAUF UND MATERIALBESCHREIBUNG

Die Vorderseite der Spielkarten sind einheitlich mit beispielsweise einem Muster gestaltet. Die Rückseiten enthalten die Motive (Zeichnungen und/oder Fotos) der Originale und den dazugehörigen mathematischen Modellen. Zwei Karten bilden stets ein Paar. Die gemischten Karten werden auf einem Tisch ausgebreitet. Die Spieler wählen nacheinander jeweils zwei Karten aus und drehen beide für alle sichtbar um. Bilden diese Karten ein Original-Modell-Paar, entnimmt der Spieler beide Karten und darf wiederum 2 Karten nach eigener Wahl umdrehen. Passen die Karten nicht zusammen, ist der nächste Spieler an der Reihe. Gewonnen hat der Spieler mit den meisten Paaren.

SPIELREGELN

- Alle Karten mischen und auf einem Tisch ausbreiten.
- Der erste Spieler dreht 2 beliebige Karten um.
- Bilden die beiden Karten ein Paar, darf es entnommen werden und es dürfen noch einmal 2 Karten umgedreht werden.
- Bilden die beiden Karten kein Paar, werden sie wieder umgedreht und der nächste Spieler ist dran.
- Die Karten dürfen auf dem Tisch nicht verschoben werden.
- Der Spieler mit den meisten Paaren hat gewonnen.

ALTERNATIVEN UND MÖGLICHKEITEN DER WEITERARBEIT

Die Spielkarten können Sie zur Verfügung stellen (s. u.) oder die Schüler gestalten selbst im Unterricht oder als Hausarbeit Kartenpaare. Eine weitere Möglichkeit besteht darin, teilweise vorgegebene Kartenpaare zu ergänzen (KV 1).

STOLPERSTEINE

In „schwierigen“ Lerngruppen führen Sie das Spiel in Partnerarbeit (KV 1) durch.

PAARSUCHE – SPIELKARTEN

Nachfolgend finden Sie als Anregung eine kleine Auswahl an Spielkarten aus verschiedenen Genres. Die Karten können Sie kopieren (dabei gleichzeitig nach Wunsch vergrößern), ausschneiden, zusammenkleben und laminieren.

Original:	Modell:
	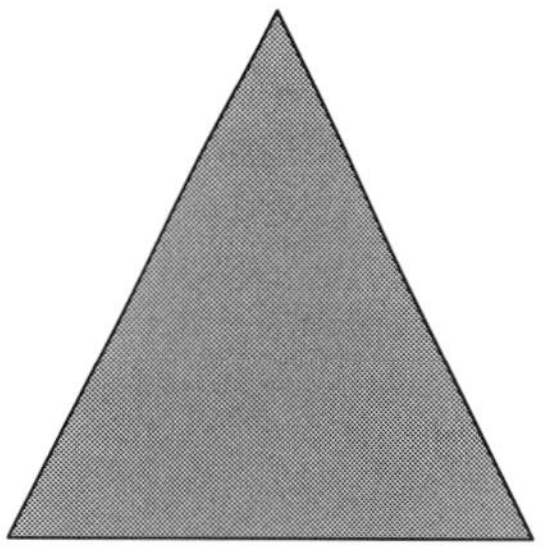

Original:	Modell:

Original:	Modell:

Original:	Modell:
	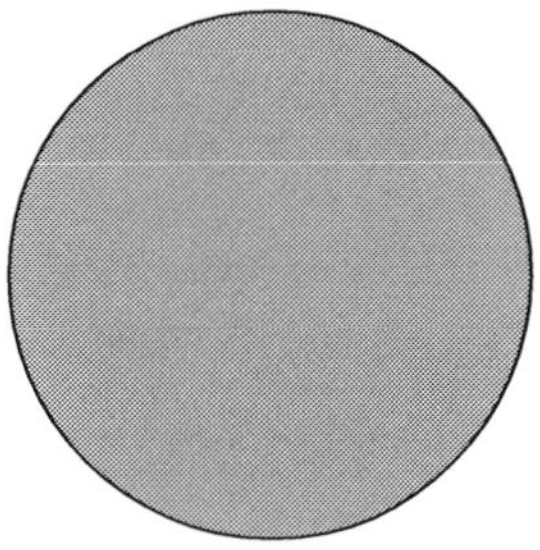

Autor: Ricardo John • XY ... schnell gelöst! • Lernspiele für Mathematik • Klasse 5–10 • Foto: Wimpel: shutterstock / Joaquin Corbalan P • Schachbrett: shutterstock/Maksvil • weißes Schild: shutterstock / mertkan tekin • Verkehrsschild: Ricardo John • Grafik: Stefan Giertzsch

Original:

Modell:

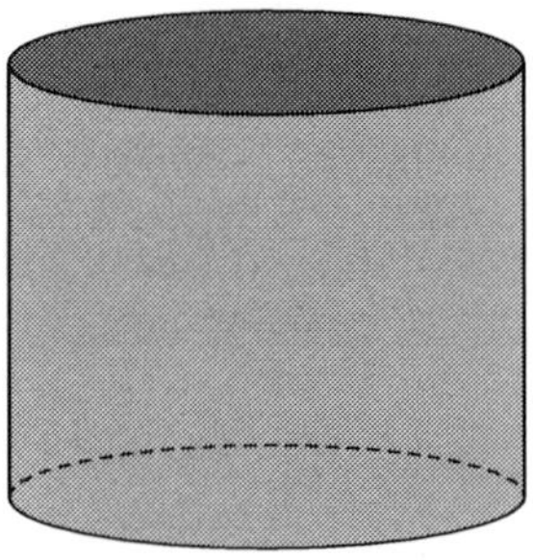

Original:

Modell:

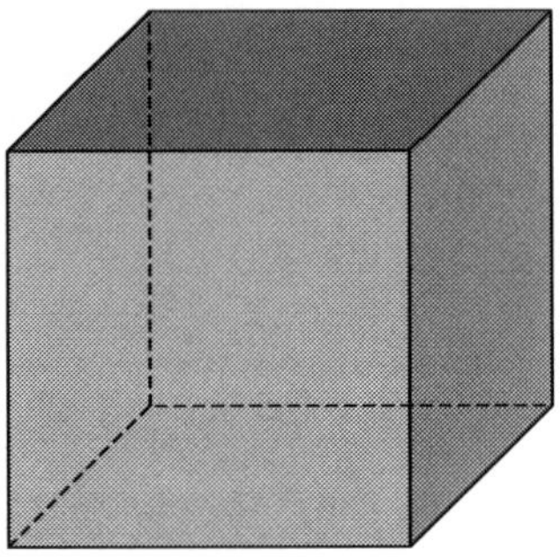

Original:

Modell:

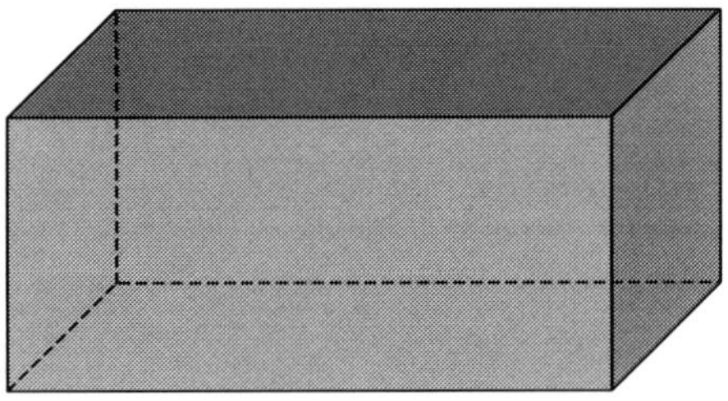

Original:

Modell:

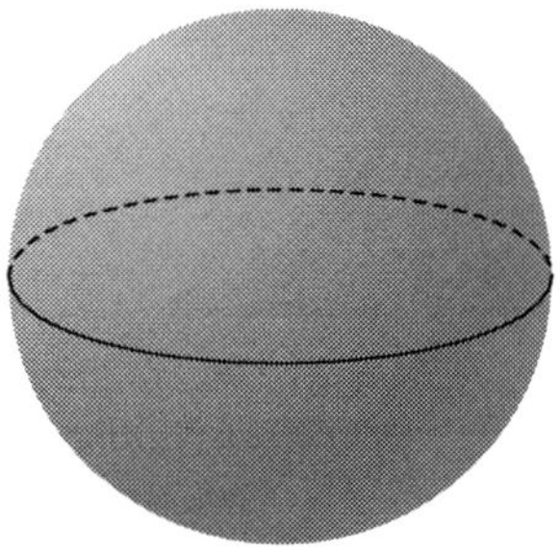

Original:

Modell:

Autor: Ricardo John • XY ... schnell gelöst! • Lernspiele für Mathematik • Klasse 5–10 • Foto: Batterien: shutterstock/Kenishirotie • Sitzwürfel: Shutterstock/Gledriusok • Butter: Shutterstock/Vectorpocket • Kugelfisch: Shutterstock / Beth Swanson • Eisportionierer: shutterstock/Anton27 • Grafik: Stefan Giertzsch

Original:

Modell:

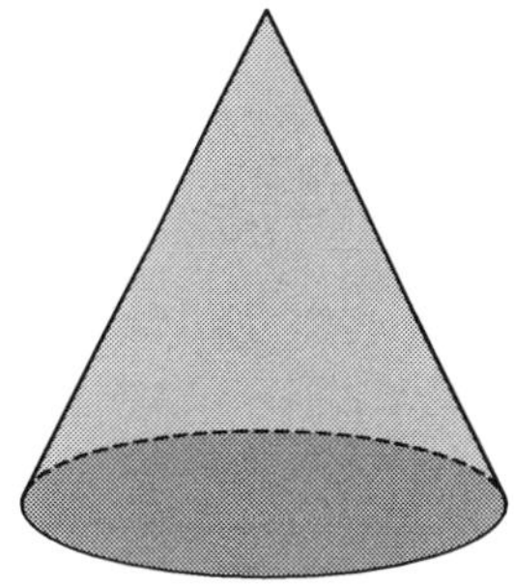

Original:

Modell:

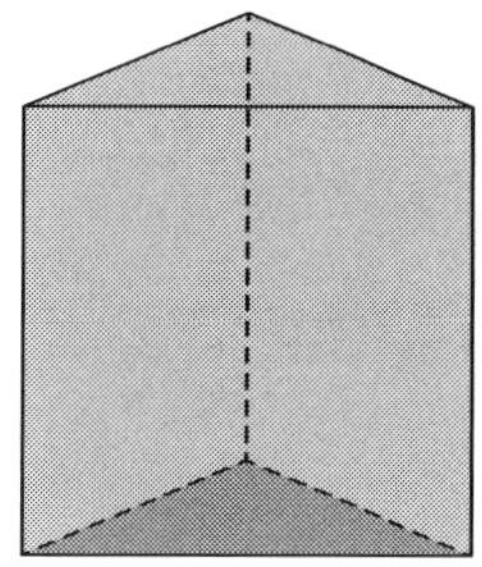

Original:

Modell:

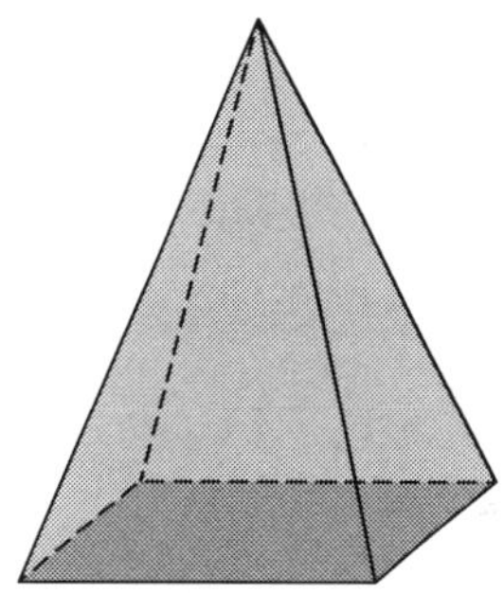

Original:

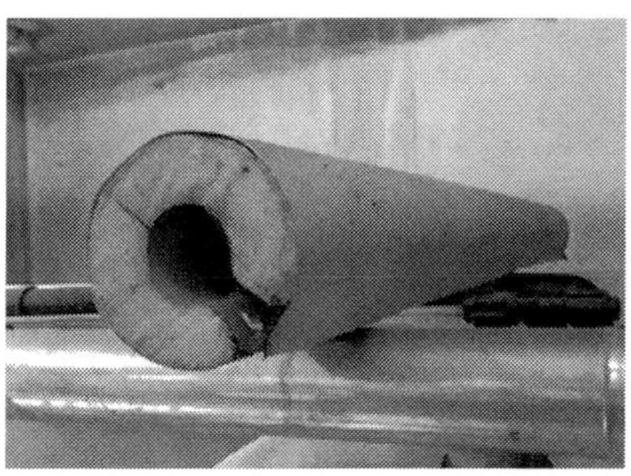

Modell:

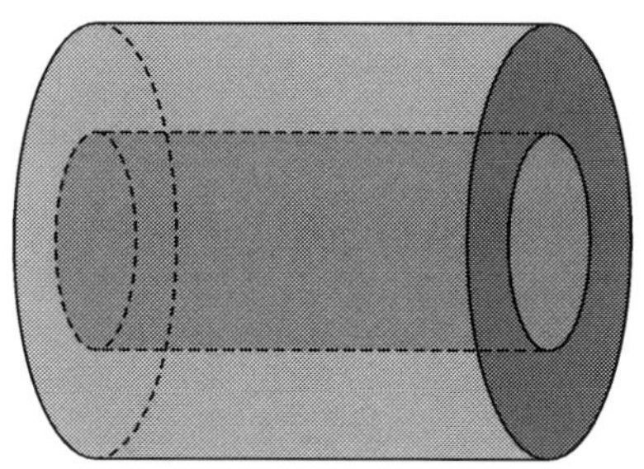

Original:

Modell:

x > y

Autor: Ricardo John • XY ... schnell gelöst! • Lernspiele für Mathematik • Klasse 5–10 • Pyramide: Shutterstock/Anastasiia-S • Verkehrskegel: shutterstock/Thomas P Johnson • alle anderen Fotos: Ricardo John • Grafik: Stefan Giertzsch

Original:	Modell:
	$3x + 4y + z$
	$8x$
Ein Museum verlangt 12 € Jahresgebühr und pro Besuch 2 €.	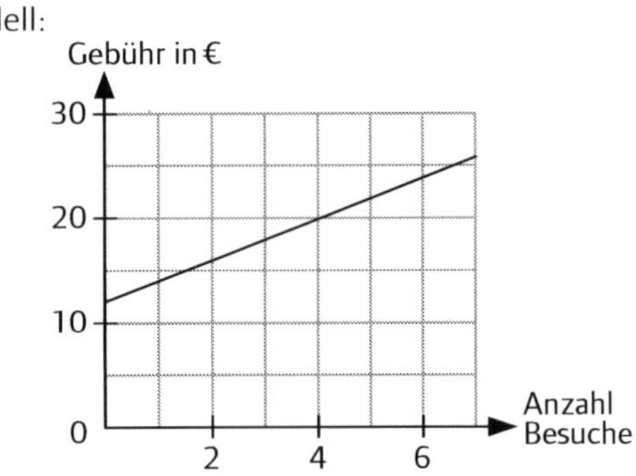
In einer Regentonne sind 23 Liter Wasser und stündlich laufen 4 Liter dazu.	$y = 4x + 23$
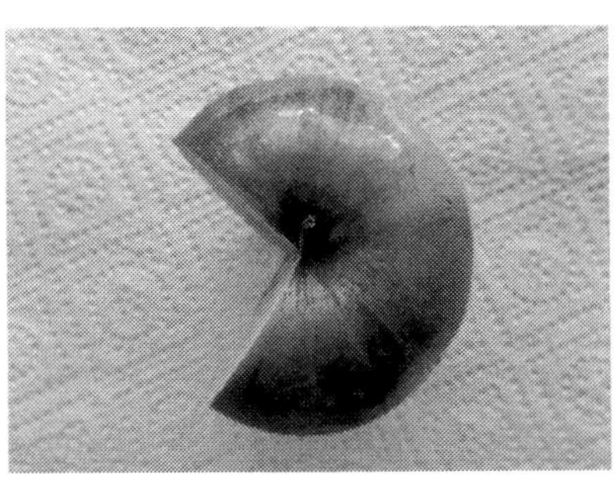	$\frac{3}{4} = 75\,\%$

Autor: Ricardo John • XY ... schnell gelöst! • Lernspiele für Mathematik • Klasse 5–10 • Foto: Ricardo John • Grafik: Stefan Giertzsch

Name:		Memory	KV 1
Klasse:	Datum:		

Gesucht und gefunden: Original und Modell

- Schneide aus Pappe gleich große Rechtecke (Lernkarten) aus oder nutze Karteikarten. Gestalte immer nur eine Seite der Karten.
- **ZUM ÜBEN:** Ergänze die folgenden Kartenpaare.
  HINWEIS: Du kannst auch passenden Bilder zeichnen oder Fotos aufkleben.

Original:	Modell: 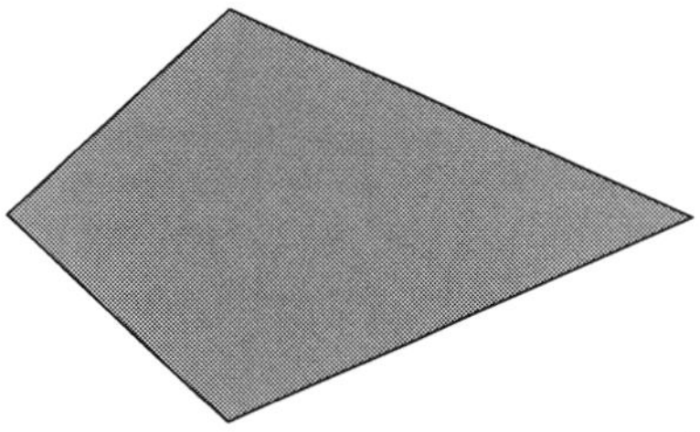
Original: 	Modell:
Original:	Modell: $x + 3y$
Original: 	Modell:

Autor: Ricardo John • XY ... schnell gelöst! • Lernspiele für Mathematik • Klasse 5–10 • Foto: Ricardo John • Grafik: Stefan Giertzsch

Schätze mal!

Klassenstufe	5 bis 8
Sozialform	Partnerarbeit an Spielstationen
Kompetenzen	Die Schüler vermuten (schätzen) mit bzw. an real verfügbaren Objekten mathematische Größen, verifizieren ihre Werte anschließend durch Messungen und halten die Ergebnisse protokollarisch fest.
Material	**Station 1:** ein Lineal oder Zollstock, Probekörper (Bleistifte, Bücher, Tisch usw.) zum Bestimmen der **Länge** **Station 2:** eine Waage, Probekörper (Apfel, Banane, Federtasche ...) zum Bestimmen der **Masse** **Station 3:** ein Lineal oder Zollstock, Probekörper (Tisch, Bücher, Hefter usw.) zum Bestimmen des **Flächeninhaltes** **Station 4:** ein Lineal oder Zollstock, Probekörper (quader- und würfelförmige Körper) zum Bestimmen des **Volumens** **Station 5:** ein Zollstock, ein Winkelmesser (Tafelgerät) zum Bestimmen der Größe von **Winkeln** **Station 6:** ein Smartphone (Stoppuhr-APP) oder Stoppuhr zum Bestimmen der **Zeitspanne** **Station 7:** ein Lineal oder Zollstock, diverse dreieckförmige Probekörper zum Bestimmen des **Flächeninhaltes** **Station 8:** ein Messbecher oder Messzylinder, diverse Probekörper, die mit Wasser gefüllt werden können (Vasen, Tassen, Teller usw.) zum Bestimmen des **Volumens** **Station 9:** Smartphone (Stoppuhr-APP) oder Stoppuhr, Spielzeuge, die sich gleichförmig bewegen (Autos, Loks usw.) zum Bestimmen der **Geschwindigkeit** **Station 10:** verschiedene Behälter, die mit Probekörpern gefüllt sind (Streichholzschachtel, Bonbonschachtel, usw.) zum Bestimmen der **Anzahl**
Einbindung in den Unterricht	Mathematische Größen untersuchen, verstehen und im täglichen Leben erfassen können. Anwendungen zum Umrechnen unterschiedlicher Maßeinheiten.

Die Schülerinnen und Schüler trainieren mit diesem Spiel das Gefühl für die Quantität naturwissenschaftlich-mathematischer Größen an realen Objekten aus dem direkten persönlichen Erfahrungsbereich. Sie lernen unterschiedliche Größen kennen, messen diese mit geeigneten Messgeräten und protokollieren ihre Ergebnisse.

ABLAUF UND MATERIALBESCHREIBUNG

Für das Schätzspiel an Spielstationen finden Sie hier eine Auswahl an möglichen mathematisch-naturwissenschaftlichen Größen. Entsprechend der Jahrgangsstufe, der zur Verfügung stehenden Zeit und der Anzahl der Schüler können Sie geeignete Themen (siehe STATIONSKARTEN) auswählen, weitere Stationen ergänzen oder Stationen mehrfach aufbauen. Geeignete Probekörper sind erfahrungsgemäß im Klassenraum bzw. in den entsprechenden Fachräumen vorhanden oder die Schüler nutzen ihre privaten Gegenstände.
Sind die Stationen aufgebaut, arbeiten die Schüler ca. 10 Minuten an einer Station und wechseln anschließend an andere Stationen. Die Spielergebnisse werden an jeder Station protokolliert (KV 2). An einer Station arbeiten jeweils 2 Schüler, die im Wechsel die Größen schätzen und anschließend messen.
Die konkreten Spielanweisungen finden die Schüler auf den STATIONSKARTEN (siehe unten). Kopieren, vergrößern und laminieren Sie die STATIONSKARTEN. Legen Sie die Materialien z. B. auf Tabletts an den Stationen bereit.

SPIELREGELN

- Beginnt das Spiel mit dem Signal.
- Lest aufmerksam die Aufgaben und Hinweise auf den STATIONSKARTEN.
- Ein Spieler schätzt den Wert. Schreibt den Wert in das Protokoll.
- Der zweite Spieler misst mit dem Messgerät nach. Schreibt den Messwert ebenfalls in das Protokoll.
- Anschließend wechselt ihr die Rollen.
- Das Spiel endet wieder mit einem Signal.
- Wechselt die Station und es geht von vorne los.
- Für gute Schätzungen und genaue Messwerte erhaltet ihr Punkte.

ALTERNATIVEN UND MÖGLICHKEITEN DER WEITERARBEIT

Mit den ermittelten Werten können im Anschluss Umrechnungsaufgaben mit den unterschiedlichen Maßeinheiten folgen. Die Abweichungen der Schätz- von den Messwerten berechnen die Schülerinnen und Schüler in Prozent.

STOLPERSTEINE

In leistungsstarken Lerngruppen sollten die Schülerinnen und Schüler die Lernstationen weitgehend selbstständig bearbeiten und protokollieren können. Anderenfalls planen Sie die Spiele nicht als Lernstationen, sondern als Partnerspiele mit jeweils einer zu schätzenden und einer zu messenden Größe. Dabei wechseln die Schüler lediglich die zu untersuchenden Körper untereinander aus und können weitaus mehr Spieldurchgänge realisieren. Die Größen „Flächeninhalt“, „Volumen“ und „Geschwindigkeit“ müssen zusätzlich zu Messungen noch berechnet werden. Eventuell wiederholen Sie die erforderlichen Formeln vor dem Spiel.

Mustertabelle für die vorgeschlagenen Größen:

Station	Messgröße	Maßeinheit	Messgerät	Körper/Vorgang	Schätzwert	Messwert
1	Länge l	cm	Lineal	Kugelschreiber	10 cm	14 cm
2	Masse m	g	Waage	Apfelsine	400 g	306 g
3	Flächeninhalt A	cm^2	Lineal; $A = a \cdot b$	Buch (Oberseite)	400 cm^2	408 cm^2
4	Volumen V	cm^3	Lineal; $V = a \cdot b \cdot c$	Aquarium	0,5 m^3	0,12 m^3
5	Winkel α	° (Grad)	Winkelmesser	Zollstockschenkel	90°	90°
6	Zeit t	s	Stoppuhr; APP	5 × Hopsen	5 s	4 s
7	Flächeninhalt A	cm^2	Lineal; $A = \frac{g \cdot h}{2}$	Tischoberfläche	1 m^2	0,8 m^2
8	Volumen V	cm^3; l (Liter)	Lineal; Becherglas	Inhalt einer Tasse	0,2 l	0,25 l
9	Geschwindigkeit v	m/s	Lineal; Uhr; $v = \frac{s}{t}$	Modelleisenbahn	2 m/s	1,8 m/s
10	Anzahl n	Stück (St.)	Zählen mit Fingern	Streichholzschachtel	42 Stück	38 Stück

STATIONSKARTEN

STATION 1
Wie lang?
Untersucht die vorgegebenen Gegenstände.
- ○ Schätzt zuerst die Länge.
- ○ Danach messt ihr die Länge.

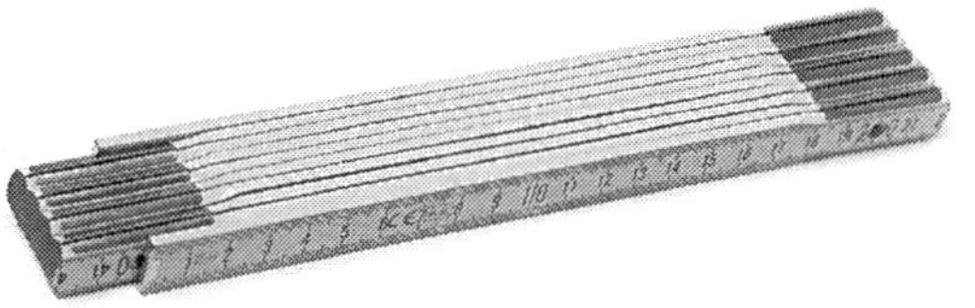

STATION 2
Wie schwer?
Untersucht die vorgegebenen Gegenstände.
- ○ Schätzt zuerst die Masse.
- ○ Danach wiegt ihr die Körper.

STATION 3
Wie groß ist die Fläche der Quadrate und Rechtecke?
Untersucht die vorgegebenen Flächen.
- ○ Schätzt den Flächeninhalt.
- ○ Messt die Länge der Seiten.
- ○ Berechnet den Flächeninhalt.

STATION 4
Wie groß ist das Volumen der Quader und Würfel?
Untersucht die vorgegebenen Körper.
- ○ Schätzt das Volumen.
- ○ Messt die Länge der Kanten.
- ○ Berechnet das Volumen.

STATION 5
Wie groß ist der Winkel?
Untersucht die Winkel.
- ○ Bildet mit dem Zollstock Winkel.
- ○ Schätzt jeweils die Größe der Winkel.
- ○ Dann messt den Winkel.

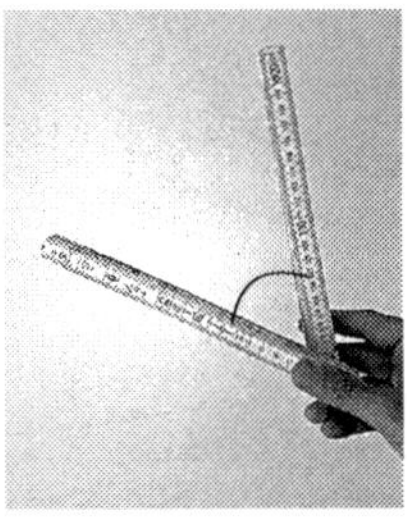

STATION 6
Wie lange dauert es?
Untersucht für die vorgegebenen Vorgänge die benötigte Zeit.
- ○ Schätzt zuerst die benötigte Zeit.
- ○ Stoppt danach die benötigte Zeit.

STATION 7
Wie groß ist die Fläche der Dreiecke?
Untersucht die vorgegebenen Flächen.
- ○ Schätzt zuerst den Flächeninhalt.
- ○ Messt die Länge der Seiten und der Höhe.
- ○ Berechnet den Flächeninhalt.

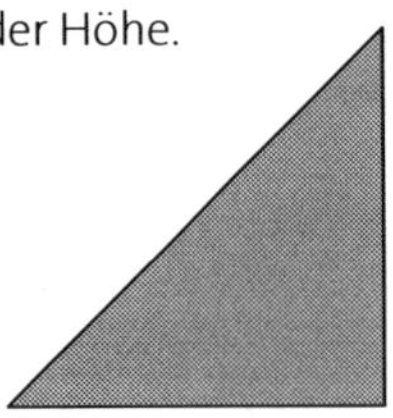

STATION 8
Wie groß ist das Volumen der Flüssigkeiten?
Untersucht das Volumen.
- ○ Schätzt zuerst das Volumen.
- ○ Messt danach das Volumen.

STATION 9
Wie schnell?
Untersucht die vorgegebenen Bewegungen.
- ○ Schätzt zuerst die Geschwindigkeit.
- ○ Messt dann den Weg und die Zeit.
- ○ Berechnet die Geschwindigkeit.

STATION 10
Wie viel?
Untersucht die vorgegebenen Objekte.
- ○ Schätzt die Anzahl der enthaltenen Körper.
- ○ Zählt danach die Körper.

Autor: Ricardo John • XY ... schnell gelöst! • Lernspiele für Mathematik • Klasse 5–10 • Zollstock: shutterstock/JIANG HONGYAN • Würfel: shutterstock/gomolach • Stoppuhr: Shutterstock/loje • alle anderen Fotos: Ricardo John •
Grafik: Stefan Giertzsch

Name:		Schätzen und Messen	KV 2
Klasse:	Datum:		

Wie lang, wie schwer, wie groß ...?

Tragt für jede Station ein: die zu bestimmende Größe, ihre Maßeinheit, das verwendete Messgerät, die geschätzten und die gemessenen Werte.

Nr.	Messgröße	Maßeinheit	Messgerät	Körper	Schätzwert	Messwert	PUNKTE

Gesamtpunktzahl: ____

- Bestimmt die größte Abweichung: ______________________.
- Bestimmt die kleinste Abweichung: ______________________.

Autor: Ricardo John • XY ... schnell gelöst! • Lernspiele für Mathematik • Klasse 5–10

Quizduell und Bankrutschen

Klassenstufe	5 bis 10
Sozialform	Gruppenarbeit (jeweils 2 bis 3 Spieler) innerhalb der gesamten Lerngruppe
Kompetenzen	Die Schüler üben, wiederholen und festigen Wissen in einem breiten Spektrum über mehrere Klassenstufen. Sie trainieren das schnelle Reagieren auf diverse Fragen.
Material	Karten mit Fragen auf der Vorderseite und den Antworten auf der Rückseite
Einbindung in den Unterricht	Vorbereitung von schriftlichen Arbeiten und Prüfungen. Durchführung täglicher Übungen. Zusammenfassen mehrerer Themen.

Das (regelmäßige) Training von Elementen des jahrgangsübergreifenden Grundwissens steht bei diesem Spiel im Mittelpunkt. Permanente Wiederholung wichtiger Fragen und Aufgaben sollen ein fundiertes und anwendungsbereites Wissen fördern.

ABLAUF UND MATERIALBESCHREIBUNG

Die einheitlich gestalteten Spielkarten beinhalten auf der Vorderseite eine Frage und auf der Rückseite die richtige Antwort. Am Quizduell nimmt die gesamte Lerngruppe teil. Es beginnen die ersten beiden Spieler (z. B. in der ersten Bankreihe). Der Spielleiter zieht eine Karte und liest die Frage laut vor. Wer als erster die richtige Antwort gibt, erhält einen Punkt und rutscht zur nächsten Bank bzw. spielt mit den nächsten 2 Spielern. Jetzt spielen jeweils 3 Spieler und können weitere Punkte sammeln. Entsprechend den konkreten Bedingungen können mehrere Durchgänge mit der Lerngruppe erfolgen. Jeder Spieler merkt sich seine Punkte. Die drei besten Spieler können auf geeignete Weise belohnt werden (z. B. mit einer Note).

SPIELREGELN

- Es spielen zuerst 2, dann jeweils immer 3 Spieler gegeneinander.
- Wer als erster die richtige Antwort gibt, erhält einen Punkt.
- Kann keiner die Frage beantworten, zieht der Spielleiter (Schüler oder Lehrer) eine andere Frage.
- Jeder merkt sich seine Punkte.

ALTERNATIVEN UND MÖGLICHKEITEN DER WEITERARBEIT

Die Schülerinnen und Schüler fertigen die Spielkarten in Einzel- oder Partnerarbeit mit z. B. Karteikarten selbst an. Diese Karten können gesammelt werden und einen sich ständig erweiternden Fundus bilden oder die Schüler nutzen diese Spielkarten als Lernkarten im häuslichen Bereich (KV 3).

STOLPERSTEINE

Für „schwierige“ Lerngruppen führen Sie das Spiel in Partnerarbeit (KV 3) durch.

SPIELKARTEN

Nachfolgend finden Sie eine kleine Auswahl an Spielkarten aus verschiedenen Genres. Die Karten bitte kopieren (gleichzeitig vergrößern), ausschneiden, zusammenkleben und laminieren.

Frage:	Antwort:
Wie viele Kanten hat ein Würfel?	12 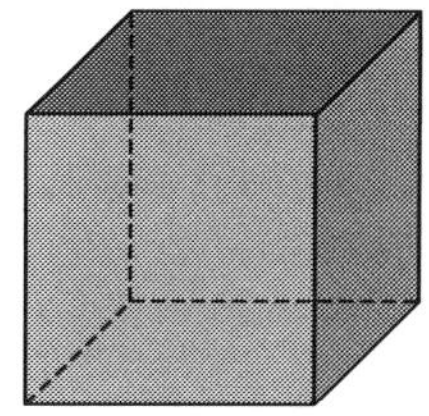
Frage: Wie groß ist die Innenwinkelsumme im Dreieck?	Antwort: 180° 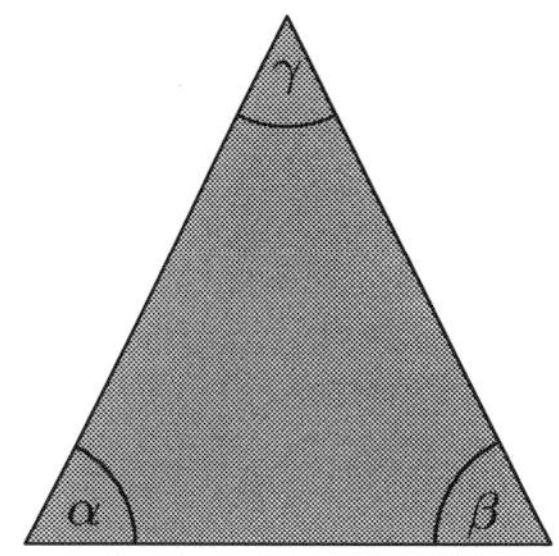
Frage $\sqrt{-4}$	Antwort: n. d. (nicht definiert) im Bereich der Reellen Zahlen
Frage: Was ist schwerer? Ein kg Eisen oder ein kg Papier?	Antwort: gleich schwer 

Autor: Ricardo John • XY ... schnell gelöst! • Lernspiele für Mathematik • Klasse 5–10 • Grafik: Stefan Giertzsch

Frage:

Welche Zahl ist kleiner?

0,33 oder $\frac{1}{4}$

Antwort:

$\frac{1}{4} = 0,25$

$0,25 < 0,33$

Frage:

Welchen Zahlenbereich bilden die Natürlichen Zahlen und ihre Gegenzahlen?

Antwort:

Ganze Zahlen $\mathbb{Z}$

Frage:

Wie wird π (Pi) auf 4 Stellen nach dem Komma gerundet?

Antwort:

3,1416

Frage:

Mit welcher Formel kann man den Flächeninhalt eines Kreises berechnen?

Antwort:

$A = \pi \cdot r^2$

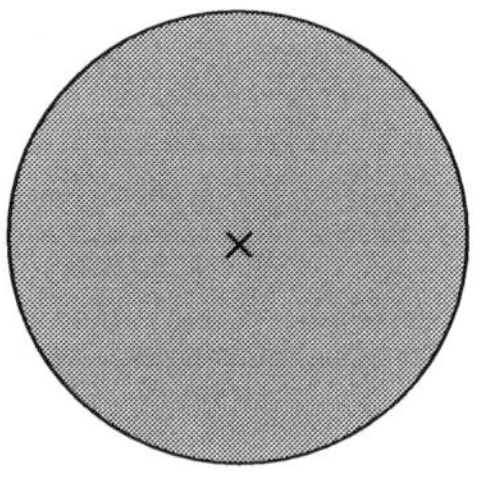

Frage:

Wie heißt der Zusammenhang, wenn sich 2 Größen im gleichen Verhältnis ändern?

Antwort:

proportional

Autor: Ricardo John • XY ... schnell gelöst! • Lernspiele für Mathematik • Klasse 5–10 • Grafik: Stefan Giertzsch

Frage:

Wie hoch reicht ein Bogen Papier, wenn man ihn 42-mal falten würde?

Berliner Fernsehturm
Mount Everest
Mond (Erdmond)

Antwort:

bis zum Mond

Frage:

In einer Gießkanne sind 5 Liter Wasser. Wie viele dm^3 sind das?

Antwort:

$5\,l =$
$5\,dm^3$

Frage:

Wie berechnet man das Volumen eines Quaders?

Antwort:

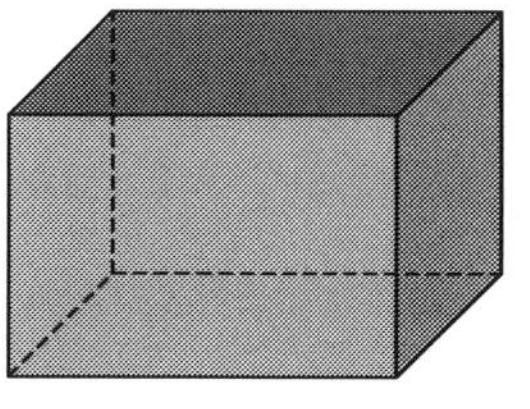

V = Länge × Breite × Höhe

Frage:

Wie sieht bei den Römischen Zahlen die Null aus?

Antwort:

Es gibt keine römische Null.
1 (I); 5 (V); 10 (X);
50 (L); 100 (C); 500 (D);
1000 (M) ...

Frage:

Wie schreibt man das Jahr 2019 als römische Zahl?

Antwort:

MMXIX

M (1000) + M (1000) + X (10) + IX (9)

Autor: Ricardo John • XY ... schnell gelöst! • Lernspiele für Mathematik • Klasse 5–10 • Gießkanne: shutterstock/sashkin • Grafik: Stefan Giertzsch

Frage:

Wie lautet der Satz des Pythagoras verbal formuliert?

Antwort:

In jedem ebenen rechtwinkligen Dreieck ist das **Hypotenusenquadrat** so groß wie die beiden **Kathetenquadrate.**

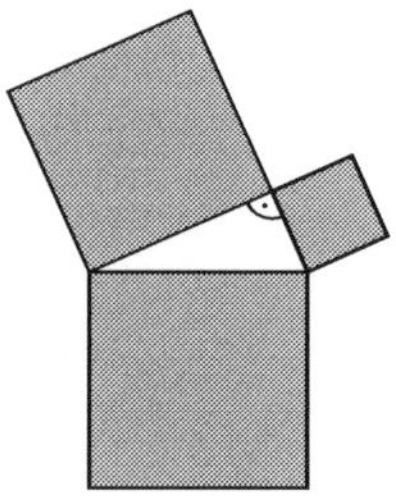

Frage:

Was ergibt 456^0?

Antwort:

1

$n^0 = 1$

Frage:

Auf einem Verkehrsschild steht 100 %. Wie groß ist der Steigungswinkel der Straße?

Antwort:

45°

$\tan \alpha = \frac{100}{100} = 1 = 45°$

Frage:

Welche geometrische Form haben fallende Wassertropfen? Kreis, Kugel oder Ellipse?

Antwort:

Kugel

Frage:

Wie groß ist die Temperatur, wenn sie von 18 °C um 34 K fällt und um 16 K steigt?

Antwort:

0 °C

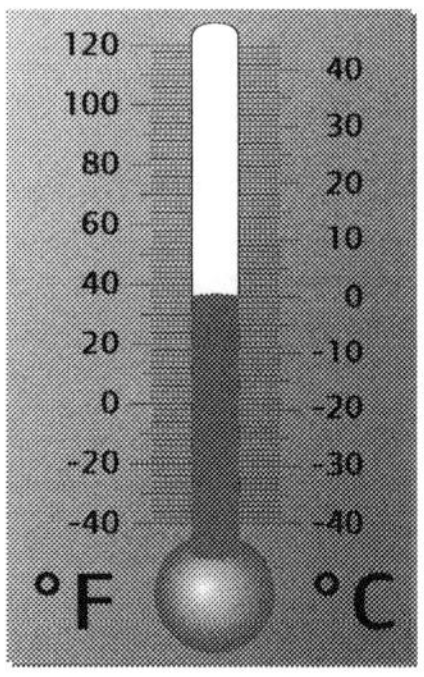

Autor: Ricardo John • XY ... schnell gelöst! • Lernspiele für Mathematik • Klasse 5–10 • Wassertropfen: shutterstock/sl_photo • Grafik: Stefan Giertzsch

Name:		Quizduelle	KV 3
Klasse:	Datum:		

Spielkarten sind Lernkarten

- Schreibe mindestens 5 interessante Fragen und die jeweils richtigen Antworten zur Mathematik auf.
  HINWEISE:
  - Formuliere nur kurze Fragen und Antworten.
  - Die Fragen können auch Skizzen beinhalten.
  - Suche Anregungen in deinem Hefter, im Lehrbuch und in anderen Nachschlagewerken.

- Schneide aus Pappe gleich große Rechtecke (Lernkarten) aus. Du kannst auch Karteikarten nutzen. Schreibe die Fragen jeweils auf die Vorderseite und die richtigen Antworten auf die Rückseite. Schreibe groß und gut lesbar.
- Quizduell mit deinem Banknachbarn: Mischt eure Karten. Die Fragen liegen oben. Nacheinander muss jeder mindestens 10 Karten ziehen und die Fragen beantworten. Für jede richtige Antwort erhält der Spieler einen Punkt.

Spieler (Name)	Punkte			
	1. Spiel	2. Spiel	3. Spiel	4. Spiel

- Tauscht die Spielkarten mit anderen Gruppen aus und wiederholt die Quizduelle.

Autor: Ricardo John • XY ... schnell gelöst! • Lernspiele für Mathematik • Klasse 5–10 • Grafik: Stefan Giertzsch

Quiz der Funktionen

Klassenstufe	9 und 10
Sozialform	Einzel- oder Partnerarbeit
Kompetenzen	Die Schüler trainieren das schnelle Erfassen von grafischen Funktionsdarstellungen (konstante, lineare und quadratische Funktionen) und ordnen aus einer Auswahl die richtige Funktionsgleichung zu. Das Quiz fördert das selbstständige Lernen und die Nutzung von individuell abgestimmten Hilfen.
Material	ein Computer mit Internetzugang und das Quiz der Funktionen auf der Webseite der „Matheretter“
Einbindung in den Unterricht	Das Quiz der Funktionen ist besonders für die selbstständige Wiederholung und Systematisierung von Funktionen für die Vorbereitung von Leistungsüberprüfungen geeignet und auch von den Schülern im häuslichen Bereich nutzbar.

Das Ziel des Funktionen-Quiz ist das systematische Training des Zuordnens von Funktionsgleichungen zu ihren Funktionsgraphen im Koordinatensystem. Das Quiz bietet intern weitere Hilfen, Erläuterungen und Level-Geschwindigkeiten, die die Schülerinnen und Schüler differenziert nach Bedarf nutzen können.

$f(x) = (x - 1{,}8)^2 - 0{,}7$

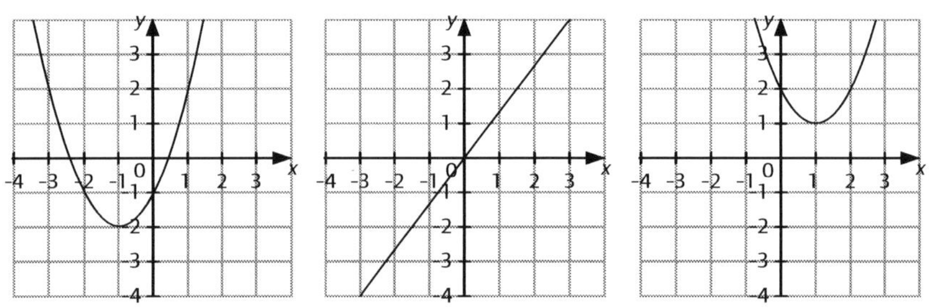

Grafik: Stefan Giertzsch

ABLAUF UND MATERIALBESCHREIBUNG

Testen Sie zunächst selbst das Quiz und überprüfen Sie auch unbedingt, ob die Computer mit einer Internetverbindung im Unterrichtsraum funktionstüchtig sind.
Nachdem die Schülerinnen und Schüler die Computer hochgefahren haben, laden sie die Internetseite und machen sich möglichst selbstständig mit dem Spiel (Quiz) vertraut. Den Spielverlauf protokollieren die Schüler partiell und werten einzelne Quizelemente aus (KV 4).

SPIELREGELN

Die Hinweise und Erläuterungen zum Spiel finden die Schüler auf der Startseite zum Funktionen-Quiz.

ALTERNATIVEN UND MÖGLICHKEITEN DER WEITERARBEIT

Natürlich können z. B. im Rahmen eines Projektes oder einer Hausarbeit die Karten für ein Funktionsquiz selbst erstellt und ständig erweitert werden. Für tägliche Übungen stehen diese dann beispielsweise als wachsender Fundus (auch für Vertretungsstunden) zur Verfügung.

STOLPERSTEINE

Schülerinnen und Schüler können beim Auftreten von Problemen auch zu zweit an einem Computer arbeiten. Generelle Fragen sollten Sie frontal (z. B. online am Smartboard) beantworten.

Name:		Quiz der Funktionen	KV 4
Klasse:	Datum:		

Welche Funktion bin ich?

- Schreibe die Internetadresse für das Funktionen-Quiz auf.

____

- Schau dir die **Hinweise, Hilfen** und das **Tutorial Video** zum Quiz an.
- Schreibe wichtige Informationen zum Spielablauf (Spielregeln) stichpunktartig auf.

____

____

____

____

____

- **ZUM ÜBEN:** Kreuze den richtigen Funktionsgraphen für die Funktion $f(x) = -1{,}8x + 0{,}5$ an.
- Spiel ab! Notiere deine Ergebnisse.

____

____

____

____

____

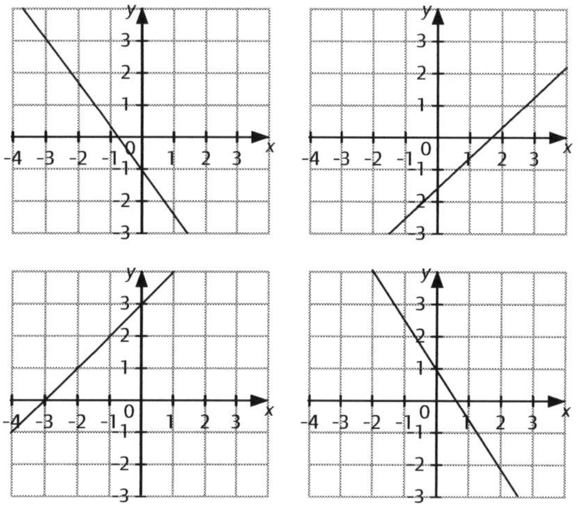

- Vervollständige das Koordinatensystem, zeichne mehrere Funktionsgraphen aus dem Quiz ein und beschrifte sie mit der richtigen Funktionsgleichung.

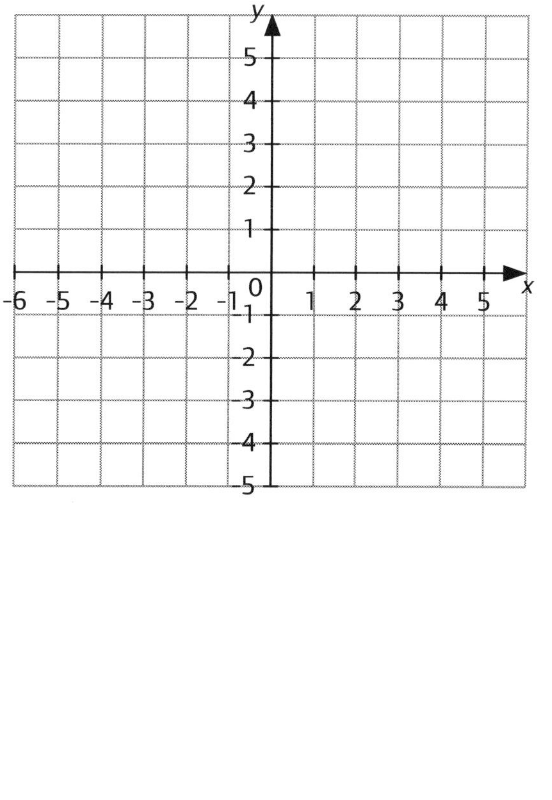

Autor: Ricardo John • XY ... schnell gelöst! • Lernspiele für Mathematik • Klasse 5–10 • Grafik: Stefan Giertzsch

Smiley-Spiel: wahr, falsch, weiß nicht

Klassenstufe	5 bis 10
Sozialform	Einzelarbeit
Kompetenzen	Die Schüler üben das reaktionsschnelle und kritische Reflektieren ihres Wissens hinsichtlich von Aussagen zu ausgewählten Bereichen der Mathematik.
Material	pro Schüler 3 Smiley-Karten, mathematische Aussagen
Einbindung in den Unterricht	Smiley-Spiele sind eine sinnvolle Ergänzung innerhalb von zusammenfassenden und systematisierenden Phasen des Unterrichts.

Den Schülerinnen und Schüler werden innerhalb der Lerngruppe mathematische Aussagen vorgelesen, die sie hinsichtlich der Richtigkeit sofort mit einem entsprechenden Smiley bewerten.

ABLAUF UND MATERIALBESCHREIBUNG

Entsprechend der Jahrgangstufe, des mathematischen Inhalts und dem Leistungsvermögen wählen und formulieren Sie Aussagen. Ein Spieldurchlauf beginnt jeweils mit dem Vorlesen der Aussage. Die Frage kann auch z. B. am Smartboard visualisiert sein. Fall Sie das Smartboard mit einbeziehen, können auch Zeichnungen, Bilder und Fotos mit einbezogen werden (s. unten).
Die Schülerinnen und Schüler entscheiden sich sofort mit wahr, falsch oder weiß nicht. Der Spielleiter gibt die richtige Lösung an und fordert die Schüler auf, sich für richtige Entscheidungen einen Punkt zu geben und zu notieren.

SPIELREGELN

- Durchdenke die Aussage schnell.
- Überlege, ob die Aussage wahr oder falsch ist.
- Entscheide.
- Ich weiß, die Aussage ist wahr (lachendes grünes Smiley).
- Ich bin sicher, die Aussage ist falsch (rotes Smiley).
- Ich weiß es nicht sicher (gelbes Smiley).
- Nach der Auflösung erhältst du nur für die richtige Entscheidung (wahr oder falsch) einen Punkt.
- Der Spieler mit den meisten Punkten hat gewonnen.

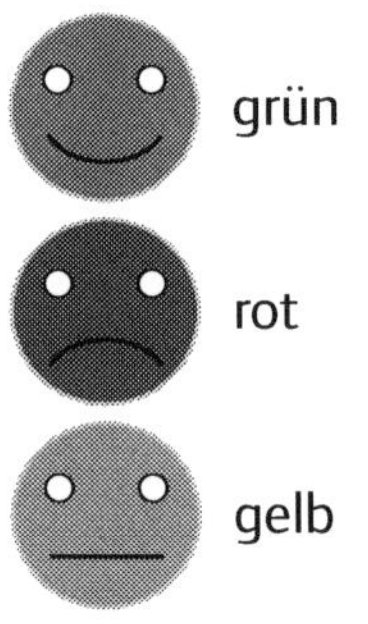

Grafik: Stefan Giertzsch

ALTERNATIVEN UND MÖGLICHKEITEN DER WEITERARBEIT

Die zu bewertenden mathematischen Aussagen können die Schülerinnen und Schüler selbst entwickeln und formulieren. Statt der Smileys lässt sich das Spiel auch mit den Ampelfarben (Ampelspiel) rot, grün und gelb spielen.

STOLPERSTEINE

In unruhigen Lerngruppen führen die Schülerinnen und Schüler eine Liste mit den Entscheidungen, die anschließend eingesammelt und ausgewertet wird.

Eine kleine Auswahl an Aussagen unterschiedlicher Genres für das Smiley-Spiel:

<table>
<tr><th>Wahre Aussagen</th><th>Falsche Aussagen</th></tr>
<tr><td>

- $\frac{1}{4}$ von 200 kg sind 50 kg.
- 5 Meter sind 500 cm.
- $\frac{1}{2}$ und $\frac{1}{2}$ ergeben ein Ganzes.
- 6 200 g sind 6,2 kg.
- Kilo bedeutet 1000.
- Eine Tonne sind 10 Dezitonnen.
- 1,6 ist größer als $\frac{3}{2}$.
- 2,5 Stunden sind 150 Minuten.

</td><td>

- 75 % sind $\frac{2}{3}$ vom Ganzen.
- 20 Dezimeter sind 2 000 Zentimeter.
- $\frac{5}{3}$ und $\frac{1}{3}$ ergeben 3 Ganze.
- Eine Sunde sind 360 Sekunden.
- $\frac{1}{3}$ ist kleiner als 0,03.
- Milli bedeutet 1000.
- 2 Pfund ergeben eine Tonne.
- $\frac{1}{5}$ von 500 ergibt 5.

</td></tr>
<tr><td>

- Prozent bedeutet auf 100 bezogen.
- Mathematik bedeutet wörtlich: „auf das Lernen bezogen".
- Proportionale Zuordnungen erkennst du an einer Gerade durch (0|0).
- Das Wort Zirkel bedeutet „Zirkus".
- Es gibt *vollkommende Zahlen*.
- Geometrie bedeutet Weltvermessung.

</td><td>

- Mathematik bedeutet wörtlich: „auf das Rechnen bezogen".
- Elefanten wiegen maximal 100 kg.
- Der Satz des Pythagoras gilt für alle Dreiecke.
- Kongruent und proportional bedeuten das Gleiche.
- *Thales von Milet* war ein Kaiser.
- Summand + Summand = Differenz

</td></tr>
<tr><td>

Das ist ein spitzer Winkel.

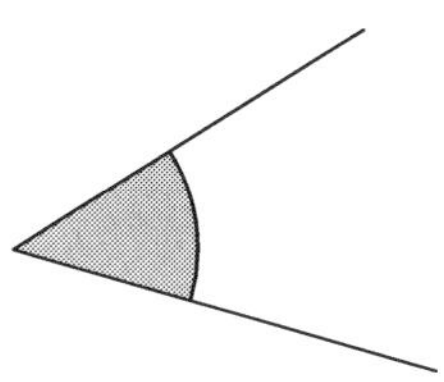

</td><td>

Die Koordinaten des Punktes sind (3|1).

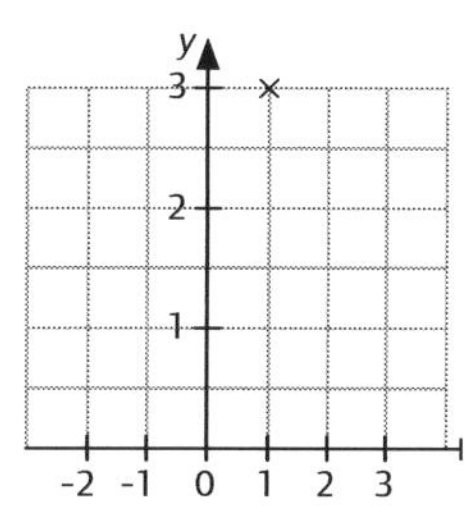

</td></tr>
<tr><td>

Die Funktionsgleichung ist $y = -2x + 1$.

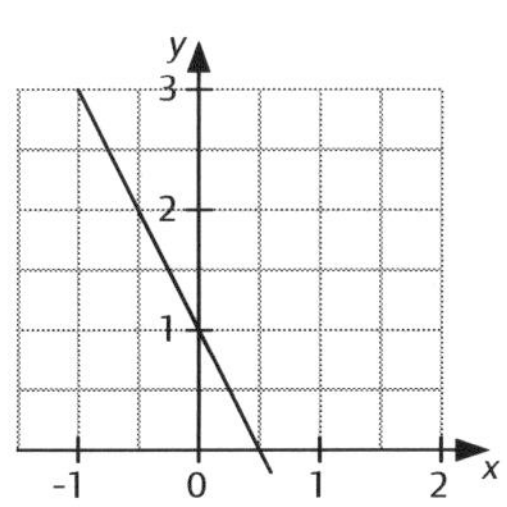

</td><td>

Das sind weniger als 50 Stück.

</td></tr>
<tr><td>

Da passen 250 000 cm^3 Regenwasser rein.

</td><td>

Er hat den Satz des Pythagoras als erster formuliert.

Karl Friedrich Gauß.

</td></tr>
</table>

Autor: Ricardo John • XY ... schnell gelöst! • Lernspiele für Mathematik • Klasse 5–10 • Grafik: Stefan Giertzsch • Bonbons: Shutterstock.com/cheyennezj • Gauß: shutterstock/Nicku • alle anderen Fotos: Ricardo John

Plus und minus

Klassenstufe	5 bis 7
Sozialform	Partnerarbeit
Kompetenzen	Die Schüler trainieren anschaulich und verständlich das Zählen und das Rechnen mit positiven und negativen Zahlen und bilden die Beträge ganzer Zahlen.
Material	ein Spielwürfel mit den Ziffern 1 bis 6; ein Schachbrett (oder Mühle-Feld); das Spielfeld (siehe KV 5) und 2 Spielfiguren oder Spielsteine
Einbindung in den Unterricht	Einführung und/oder Festigung des Rechnens mit negativen Zahlen (Zahlenbereich: Ganze Zahlen).

Mit diesem Spiel können die Schülerinnen und Schüler selbstständig das Wesen der negativen Zahlen an einem konkreten Beispiel erkunden und das Rechnen mit positiven und negativen Zahlen üben. Die Spielzüge werden praktisch durchgeführt, mathematisch als Gleichung modelliert und anschließend berechnet.

ABLAUF UND MATERIALBESCHREIBUNG

Die Schülerinnen und Schüler machen sich mit den Spielregeln vertraut und notieren diese stichpunktartig (KV 5). Beide Spieler positionieren ihre Spielfiguren auf dem Startfeld (0). Im Wechsel würfeln sie auf dem Schachbrett. Landet der Würfel auf einem weißen Feld, dann wandert die Spielfigur im Uhrzeigersinn entsprechend der Augenzahl weiter (positive Zahlen). Entsprechend gilt für das Erreichen eines schwarzen Feldes die Bewegung entgegen des Uhrzeigersinns (negative Zahlen).

Der Würfel landet auf einem schwarzen Feld. Der Spieler bewegt seine Spielfigur entgegen dem Uhrzeigersinn um 6 Felder weiter.

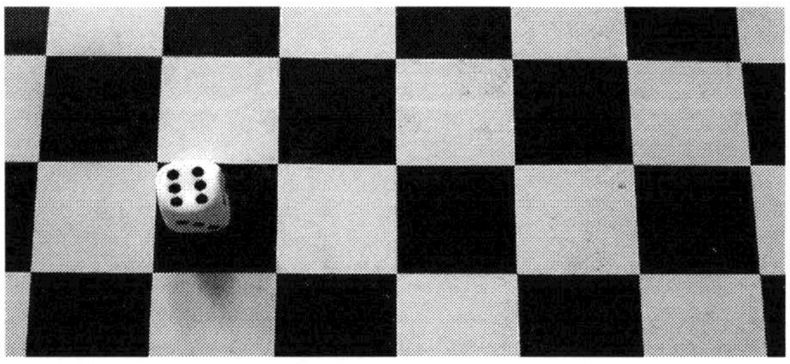

Fotos: Ricardo John

Insgesamt würfelt jeder Spieler fünfmal. Damit wären maximal die +30 oder −30 erreichbar. Die Spieldauer können Sie als Zeitangabe oder als Anzahl der Spiele vorgeben. Dadurch ergibt sich automatisch eine Differenzierung. Die Ergebnisse der einzelnen Spiele notieren die Schülerinnen und Schüler und summieren die Beträge zum Endergebnis. Zur Abwechslung können mehrere Spielzyklen mit wechselnden Partnern durchgeführt werden.

SPIELREGELN

- Würfelt abwechselnd auf einem Schachbrett.
- Landet der Würfel ...
  ... auf einem weißen Feld, bewegst du deine Spielfigur im Uhrzeigersinn.
  ... auf einem schwarzen Feld, geht es entgegen dem Uhrzeigersinn.
  ... genau auf einer Feldbegrenzung, darfst du noch einmal würfeln.
- Jeder Spieler darf pro Spiel fünfmal würfeln.
- Notiert nach jedem Spiel den Betrag des erreichten Feldes.
- Addiert die Beträge der Spiele.
- Gewonnen hat der Spieler mit dem größten Betrag.

ALTERNATIVEN UND MÖGLICHKEITEN DER WEITERARBEIT

- Die Erweiterung der Spielfelder um weitere Felder (+36/–36; +42/– 42; +48/–48 ...), ermöglicht als Differenzierungsmaßnahme das Rechnen mit größeren Beträgen. Auf der KV 6 finden Sie weitere Aufgaben zum Üben des Generierens von Gleichungen aus unterschiedlichen Spielzügen. Die folgenden Bilder mit den 12 Würfelmöglichkeiten können Sie kopieren, vervielfältigen und differenziert zu neuen Aufgaben mit unterschiedlichen Schwierigkeitsgraden zusammenstellen.

Foto: Ricardo John

- Alternativ oder darauf aufbauend können die Schüler eine vorgegebene Gleichung als Spielablauf formulieren, um die Sprechkompetenz zu trainieren.

STOLPERSTEINE

Vergewissern Sie sich, ob die Schülerinnen und Schüler die Begriffe „Uhrzeigersinn“ und „Betrag“ verstehen und anwenden können. Eventuell sind in diesem Zusammenhang Hilfen bzw. Hinweise förderlich.

Name:		Ganze Zahlen	KV 5
Klasse:	Datum:		

Plus und minus 30

START 0 · 1 · 2 · 3 · 4 · 5 · 6 · 7 · 8 · 9 · 10 · 11 · 12 · 13 · 14 · 15 · 16 · 17 · 18 · 19 · 20 · 21 · 22 · 23 · 24 · 25 · 26 · 27 · 28 · 29 · |30| ZIEL

START 0 · –1 · –2 · –3 · –4 · –5 · –6 · –7 · –8 · –9 · –10 · –11 · –12 · –13 · –14 · –15 · –16 · –17 · –18 · –19 · –20 · –21 · –22 · –23 · –24 · –25 · –26 · –27 · –28 · –29 · |30| ZIEL

- Notiere stichpunktartig die **Spielregeln.**

____

____

____

____

____

____

____

Plus +
– Minus

- Führe mit einem Partner bzw. einer Partnerin das Spiel durch.
- Notiere deine Ergebnisse und gib jeweils den Betrag an.

____

____

- Addiere die Beträge zum Endergebnis.

____

____

- Wer hat gewonnen und mit wie vielen Punkten Vorsprung?

____

____

Autor: Ricardo John • XY ... schnell gelöst! • Lernspiele für Mathematik • Klasse 5–10 • Grafik: Stefan Giertzsch

Name:		Ganze Zahlen	KV 6
Klasse:	Datum:		

Gleichungen formulieren

- Schreibe für diese Spielabläufe die Gleichungen auf und löse sie.
  Beispiel:

+ 6   + 4   − 5   + 6   + 2   = + 13

a

____

b

____

c

____

- Erläutere, warum es sich bei der **Thermometerskala** um eine Anwendung für ganze Zahlen handelt.

  ____
  ____
  ____

- Was sind **ganze Zahlen?**
  Streiche die falschen Aussagen durch.
  a Zu den Ganzen Zahlen gehören alle natürlichen Zahlen.
  b Zu den ganzen Zahlen gehören nur positive Zahlen.
  c Sie sind stets negativ.
  d Es sind ganze positive Zahlen und ihre negativen Gegenzahlen.

Autor: Ricardo John • XY ... schnell gelöst! • Lernspiele für Mathematik • Klasse 5–10 • Foto: Ricardo John

Die Kartenleger

Klassenstufe	5 bis 10
Sozialform	Gruppenarbeit (maximal 5 Schüler) auch Partner- oder Einzelarbeit
Kompetenzen	Die Schüler ordnen Zahlen in diversen Formaten der Größe nach, positionieren die Zahlen auf einem Zahlenstrahl und ordnen sie den relevanten Zahlenbereichen zu.
Material	Karteikarten, Magnete, Magnettafel, Schere
Einbindung in den Unterricht	tägliche Übungen, Festigung und Wiederholung in allen Unterrichtsphasen und speziell für die Prüfungsvorbereitungen; Übungen zum Zahlenstrahl (Zahlenformate, Zahlenstrahl und Zahlenbereiche)

Die Schüler reaktivieren und üben ihr Wissen und Können hinsichtlich der Darstellung von Zahlen in unterschiedlichen Formaten, der Darstellung auf einem Zahlenstahl und der Zuordnung zu den relevanten Zahlenbereichen.

ABLAUF UND MATERIALBESCHREIBUNG

Die Schülerinnen und Schüler erhalten eine bestimmte Anzahl von Karteikarten oder schneiden selbst aus Karton Karten in der Größe von ca. 10 × 20 cm aus. Diese Karten beschriften die Schüler mit Zahlen und notieren die vorgegeben Zahlen. Bereits während der vorbereitenden Tätigkeiten bestehen entsprechend dem Leistungsniveau und der zur Verfügung stehenden Zeit u.a. die folgenden Differenzierungsmaßnahmen.

- durch die Auswahl der Zahlenformate und der Zahlenbereiche,
- durch die Anzahl der Karten,
- durch den Einsatz vorgegebener Zahlen und Karten oder selbst gewählter Zahlen und selbst erstellter Karten.

Die Karten werden gemischt und verdeckt ausgebreitet. Jeder Mitspieler zieht eine bestimmte Anzahl von Karten (z. B. 5 Karten). Die Spielzeit können Sie konkret vorgeben (z. B. 5 Minuten pro Durchgang) oder sie dauert jeweils bis eine Gruppe signalisiert, dass sie die Aufgabe fertig gelöst hat. Wer die Zahlenkarten am schnellsten der Größe nach geordnet hat, erhält beispielsweise einen Punkt. Für ein besseres Verständnis des Spielablaufs bieten sich im Vorfeld Probedurchgänge an, bei denen die Schülerinnen und Schüler ihre Ergebnisse z. B. an einer Magnettafel oder am Smartboard präsentieren. Als abschließende Übung oder Leistungskontrolle protokollieren die Schüler ein Spiel oder mehrere Spielabläufe (KV 7).

SPIELREGELN

- Die Anzahl der Spielkarten und die Spielzeit werden vorgegeben.
- Die Karten werden gemischt und verdeckt gezogen.
- Sortiert die Zahlen nun der Größe nach. Beginnt mit der kleinsten Zahl.

ALTERNATIVEN UND MÖGLICHKEITEN DER WEITERARBEIT

- Die sortierten Zahlen können anschließend auf einem Zahlenstrahl markiert und den entsprechenden Zahlenbereichen zugeordnet werden.
- Der Zahlenstrahl, der auf einem möglichst großen Plakat gestaltet ist, kann der Ausgestaltung des Fachraums dienen und für tägliche Übungen zum Einsatz kommen.

STOLPERSTEINE

Erfahrungsgemäß sollten das Einteilen von Zahlenstrahlen und die Bedeutungen der Zahlenbereiche wiederholt oder in Kurzform für die Schüler visualisiert werden.

ZAHLENKARTEN

Hier finden Sie eine kleine Auswahl an Zahlenkarten, die Sie ergänzen, kopieren, vergrößern und laminieren können.

-6	-4	-2	0	1	12
100	-55	$12{,}5$	$-8{,}8$	$0{,}05$	$-1{,}1$
$\frac{1}{2}$	$-\frac{1}{3}$	$\frac{1}{4}$	$\frac{1}{10}$	$\frac{4}{2}$	$-\frac{9}{3}$
10^{5}	10^{-3}	$3 \cdot 10^{4}$	$0{,}5 \cdot 10^{5}$	$8 \cdot 10^{-2}$	$9^{0{,}5}$
π	$\sqrt{2}$	$\sqrt[3]{4}$	$\sqrt[2]{4}$	$\sqrt{0{,}25}$	$\sqrt[4]{16}$
$2\frac{1}{3}$	$3\frac{1}{5}$	$-5\frac{2}{3}$	$0{,}5\frac{3}{4}$	$4\frac{1}{-2}$	$1\frac{2}{5}$
7k	−5m	0,002M	10^{-5}G	−3,2c	0,7d
XXVI	IX	VII	IIXX	XIIV	XXII

Autor: Ricardo John • XY ... schnell gelöst! • Lernspiele für Mathematik • Klasse 5–10

Name:		Zahlen, Zahlenbereiche, Zahlenstrahl	KV 7
Klasse:	Datum:		

Mischen, ziehen, ordnen und sortieren!

- Deine Spielpartner sind ______________________________

  ____

- Die Karten sind gemischt und liegen verdeckt. Zieht die vorgegebene Anzahl an Karten.
- **Ordnet die Karten mit den Zahlen** der Größe nach. Beginnt mit der kleinsten Zahl. Schreibt die Zahlen in der richtigen Reihenfolge auf.

- **Zahlenstrahl:** Teilt und beschriftet den Zahlenstrahl.
  HINWEIS: Beachtet bei der Einteilung den Umfang eurer Zahlen auf den Karten.

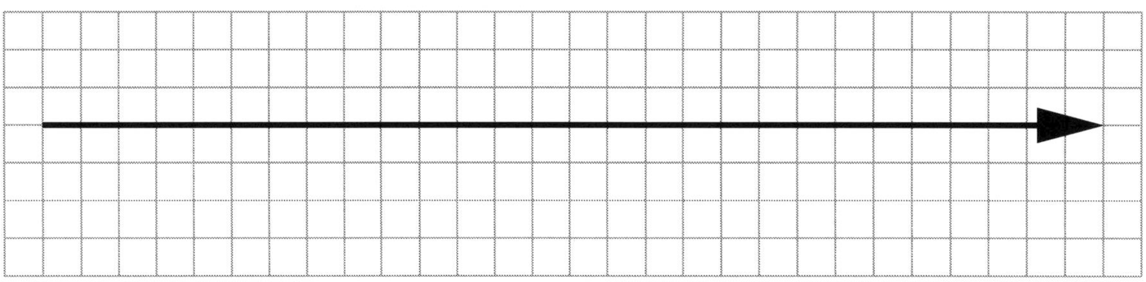

- Markiert eure Zahlen auf dem Zahlenstrahl und schreibt die Zahlen an die jeweilige Markierung.
- Notiert die Zahlen und kreuzt die richtigen Zuordnungen an.

Zahlen	Natürliche Zahlen $\mathbb{N}$	Ganze Zahlen $\mathbb{Z}$	Gebrochene Zahlen $\mathbb{Q}_+$	Rationale Zahlen $\mathbb{Q}$	Irrationale Zahlen $\mathbb{I}$	Reelle Zahlen $\mathbb{R}$

Autor: Ricardo John • XY ... schnell gelöst! • Lernspiele für Mathematik • Klasse 5–10 • Grafik: Stefan Giertzsch

Domino – bauen und rechnen

Klassenstufe	5 bis 7
Sozialform	Partner- oder Gruppenarbeit (bis 4 Schüler)
Kompetenzen	Die Schüler trainieren die Grundrechenarten (insbesondere Addition und Subtraktion) von ganzen Zahlen.
Material	ein kommerzielles Dominospiel (z. B. Doppel-6er mit 28 Steinen) oder ein selbst gebasteltes Domino (eine Schere und Pappkarten als Dominosteine)
Einbindung in den Unterricht	im Rahmen von täglichen Übungen zum Kopfrechnen und zum Trainieren des Rechnens mit ganzen Zahlen

Die Schülerinnen und Schüler trainieren spielerisch den Umgang mit Zahlen und üben das Kopfrechnen an einem praktischen Beispiel. Das Spielen nach komplexen Regeln fördert das algorithmische Denken.

ABLAUF UND MATERIALBESCHREIBUNG

Die Schülerinnen und Schüler spielen mit einem herkömmlichen oder mit einem selbst gebastelten Dominospiel (KV 8). Insbesondere bei der Bestimmung der erreichten Punkte trainieren sie das Kopfrechnen und innerhalb der Auswertung (KV 8) führen sie weitere Berechnungen durch.

SPIELREGELN

- Jeder Spieler zieht verdeckt 7 Steine aus dem Pool.
- Der Spieler mit dem höchsten Doppelstein beginnt.
- Gespielt wird im Urzeigersinn.
- Nacheinander dürfen die Spieler jeweils einen passenden Stein an den Enden der Kette ablegen.
- Kann ein Spieler nicht anlegen, zieht er einen weiteren Stein aus dem Pool.
- Ist der Pool leer, setzt der Spieler aus.
- Wenn kein Spieler mehr anlegen kann und der Pool leer ist, dann ist das Spiel beendet.
- Ansonsten hat gewonnen, wer zuerst alle Steine angelegt hat.
- Der Sieger erhält die Augenzahlen aller Mitspieler als Gewinnpunkte.
- Gesamtsieger ist, wer die meisten Gewinnpunkte gesammelt hat.

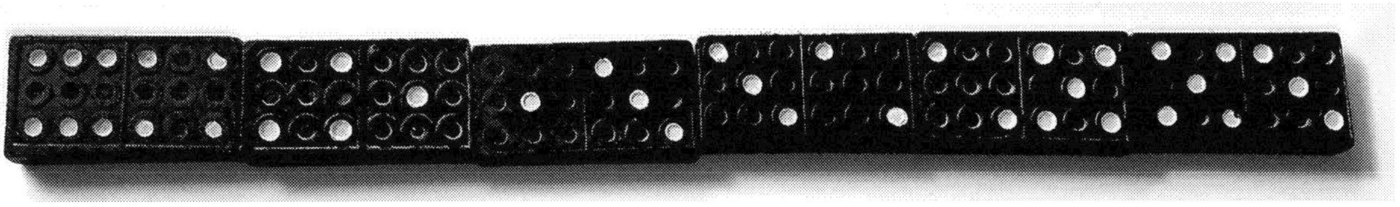

Foto: Ricardo John

ALTERNATIVEN UND MÖGLICHKEITEN DER WEITERARBEIT

Die Spielregeln *(instructions, game rules)* können Sie innerhalb eines bilingualen Unterrichts in Englisch vorgeben und übersetzen lassen (siehe auch online-Domino).

STOLPERSTEINE

Wahrscheinlich wird nur wenigen Schülerinnen und Schülern das Spiel bekannt sein und es existieren viele unterschiedliche Varianten. Daher empfiehlt es sich, mit einigen Demonstrationsspielen (z. B. online am Smartboard) zu beginnen.

Name:		Domino	KV 8
Klasse:	Datum:		

Domino – damit kannst du rechnen!

- Schneidet aus Pappe **28 Rechtecke** als Dominosteine aus.
- Die Rechtecke müssen exakt **6 cm lang** und **3 cm breit** sein.
- Teilt die Dominosteine mit einem Bleistiftstrich in **2 gleichgroße Quadrate.**

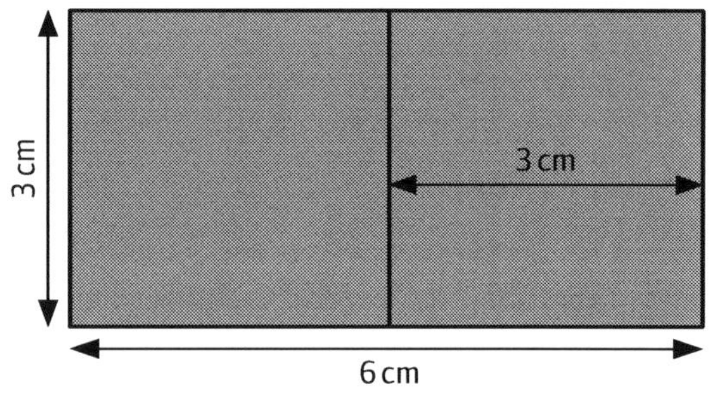

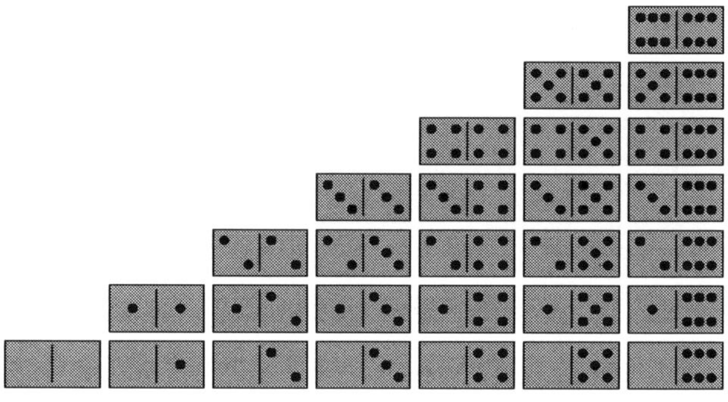

- Schneidet alle Dominosteine aus.
- Beschriftet die Quadrate mit **0, 1, 2, 3, 4, 5 oder 6 Punkten.** Versucht, die Steine mit möglichst vielen unterschiedlichen Kombinationen zu beschriften.
  HINWEIS: Für die Beschriftung könnt ihr die Vorlage nutzen.
- Schreibt für jedes Spiel eure Punktzahlen auf.

Namen der Spieler				
Spiel 1				
Spiel 2				
Spiel 3				
Spiel 4				
Spiel 5				
Spiel 6				
SUMME				

- Addiert alle Punkte. Wer hat gewonnen? ______________________________
- **ZUSATZ:** Spielt eine Runde Domino.
  - Addiert alle Augenzahlen der Reihe nach.

    ____

  - Subtrahiert alle Augenzahlen der Reihe nach.

    ____

  - Multipliziert alle Augenzahlen der Reihe nach.

    ____

Autor: Ricardo John • XY ... schnell gelöst! • Lernspiele für Mathematik • Klasse 5–10 • Grafik: Stefan Giertzsch

Schiffe aufspüren

Klassenstufe	5 bis 10
Sozialform	Partnerarbeit
Kompetenzen	Die Schüler orientieren sich im kartesischen Koordinatensystem. Sie können Punkte und Figuren anhand der Koordinaten $(x\|y)$ darstellen, finden und kommunizieren. Entsprechend der Klassenstufe kann mit einem, mit zwei oder mit vier Quadranten gespielt werden.
Material	zwei Koordinaten Steckbretter, Gummis, Pins (falls die mitgelieferten Pins nicht reichen, können auch Streichholzabschnitte verwendet werden)
Einbindung in den Unterricht	Darstellung und Zeichnen von Funktionsgraphen in ein kartesisches Koordinatensystem

Die Schülerinnen und Schüler trainieren den Umgang mit dem häufig verwendeten kartesischen Koordinatensystem. Die hier vorgestellte „friedliche“ Variante ist vom Kriegsspiel *„Schiffe versenken“* bzw. *„battleship“* abgeleitet.

ABLAUF UND MATERIALBESCHREIBUNG

Die Schülerinnen und Schüler arbeiten partnerweise gegeneinander. Jeder erhält ein Koordinaten-Steckbrett und positioniert es so (z. B. durch das Abdecken mit einem Hefter), dass der Gegner es nicht einsehen kann. Beide Spieler stecken mit den mitgelieferten Pins und Gummis entsprechend den Regeln ihre „Schiffe“ auf dem Spielbrett. Der erste Spieler nennt ein Koordinatenpaar und steckt entsprechend einen Pin als Gedächtnisstütze auf seine Spielfläche. Der Gegenspieler sagt entsprechend: „Treffer“, „Wasser“ oder „Aufgespürt“. Bei einem Treffer wird der Schiff-Pin entfernt und der Spieler darf noch einmal spielen. Landet die Suchanfrage im Wasser ist der zweite Spieler an der Reihe. Gespielt wird entweder nach einer konkreten Zeitvorlage oder bis ein Spieler alle Schiffe gefunden hat.

SPIELREGELN

- Du darfst 3 Boote, 2 Fähren und einen Tanker auf dem Steckbrett einsetzen.
- Boote bestehen aus 2 Pins, Fähren aus 4 Pins und Tanker aus 5 Pins.
- Die Schiffe dürfen sich nicht berühren, nicht diagonal und nicht über Eck platziert sein.
- Die zusammengehörenden Schiffe-Pins verbindest du jeweils mit Gummis.
- Im Wechsel gebt ihr Koordinaten an.
- Wurde kein Schiff getroffen, sagst du: „Wasser“, bei einem Treffer: „Treffer“ und wurde das ganze Schiff aufgespürt: „Aufgespürt“.
- Bei einem Treffer, darf der Spieler noch einmal Koordinaten ansagen.
- Wurde dein Schiff getroffen, entfernst du den entsprechenden Pin.
- Gewonnen hat der Spieler, der die meisten bzw. zuerst alle gegnerischen Schiffe aufgespürt hat.

STOLPERSTEINE

Sollten Sie nicht über Koordinaten-Steckbretter verfügen, reichen auch kariertes Papier und Bleistifte zum Spielen aus. Zum Üben nutzen Sie das Arbeitsblatt (KV 9).

Name:		Kartesisches Koordinatensystem	KV 9
Klasse:	Datum:		

Wo sind die Schiffe?

- Deine Spielpartner sind: ______________________________

- Schreibe stichpunktartig die wichtigsten Spielregeln auf.

____

____

____

____

____

____

- **ZUM ÜBEN:** Gib die Koordinaten der Schiffe an.

Boot: ______________________________

____

Fähre: ______________________________

____

Tanker: ______________________________

____

Zeichne die folgenden Schiffe in das Bild ein.
Boot: (–5|4), (–5|5)
Fähre: (0|0), (1|0), (2|0)
Tanker: (–2|–3), (–2|–4), (–2|–5), (–2|–6)

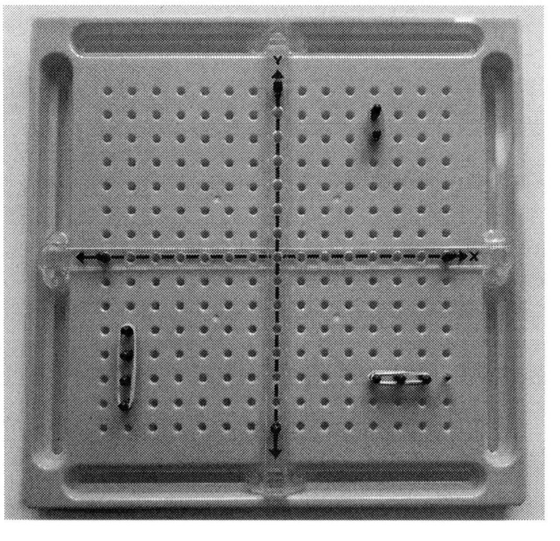

- **SPIEL AB!** Schreibe deine Spielergebnisse auf.

____

____

____

Autor: Ricardo John • XY ... schnell gelöst! • Lernspiele für Mathematik • Klasse 5–10 • Foto: Ricardo John

XY ... schnell gelöst

Klassenstufe	7 bis 10
Sozialform	Einzelarbeit
Kompetenzen	Die Schüler lösen Funktionsgleichungen für zufällig generierte *x*-Werte.
Material	mehrere herkömmliche Spielwürfel (auch mit mehr als 6 Seiten) oder ein Online-Würfel (ein Computer oder Smartphone mit Internetzugang und eine Würfel App, beispielsweise von VirtuWorld)
Einbindung in den Unterricht	Trainieren des raschen Berechnens von Funktionswerten einer Funktionsgleichung durch Einsetzen des *x*-Wertes

Mit einem Würfel werden zufällige Zahlen generiert, die die Schülerinnen und Schüler als *x*-Werte zum Berechnen der Funktionswerte einsetzen.

ABLAUF UND MATERIALBESCHREIBUNG

Die Schülerinnen und Schüler erhalten entsprechend der Jahrgangsstufe und dem Leistungsvermögen verschiedene Funktionsgleichungen mit unterschiedlichem Schwierigkeitsgrad. Nun wird eine Zahl zentral (z. B. am Smartboard) gewürfelt. Auch hier können Sie durch die Wahl des Würfels (Anzahl der Seiten) die maximale Größe für den *x*-Wert differenziert wählen. Sollen auch negative Zahlen Berücksichtigung finden, dann wird z. B. auf einem Schachbrett gewürfelt. Landet der Würfel auf einem schwarzen Feld, ist die Zahl negativ. Beim Online-Würfel kann man 2 Würfel benutzen, wobei ein Würfel das Vorzeichen angibt. Bei ungeraden Zahlen (Augen) ist der Wert negativ. Der Ergebnisse schreiben die Schüler/innen in eine Tabelle (KV 10) und für jeden richtig berechneten y-Wert erhalten sie einen Punkt. Geben Sie nach Gefühl den Schülern Zeit bis zur nächsten Aufgabe.

SPIELREGELN

- Eine Zahl wird gewürfelt.
- Das Vorzeichen wird auch gewürfelt oder festgelegt.
- Diese Zahl ist der *x*-Wert für die Funktionsgleichungen.
- Setze die *x*-Werte in die Gleichungen ein und berechne möglichst schnell die *y*-Werte.
- Schreibe die Ergebnisse in die Tabelle.
- Für jede richtige Lösung erhältst du einen Punkt.
- Gewonnen hat, wer die meisten Punkte gesammelt hat.

ALTERNATIVEN UND MÖGLICHKEITEN DER WEITERARBEIT

In leistungsstarken Lerngruppen kann das Spiel in Partnerarbeit realisiert werden. Dieses Spiel eignet sich als Ausgangspunkt für das Erstellen von Wertetabellen und dem anschließenden Zeichnen von Graphen in ein Koordinatensystem.

STOLPERSTEINE

Das Berechnen von Funktionswerten sollten Sie in leistungsschwächeren Lerngruppen vor dem Spiel mehrfach demonstrieren.

Name:		Funktionsgleichungen	KV 10
Klasse:	Datum:		

XY ... schnell gelöst!

○ Trage jeweils die gewürfelten Zahlen ein und berechne die y-Werte.

a „sehr leicht“

x-Wert	$y = 10x$	$y = \frac{1}{2}x$	$y = -x$

b „mittel“

x-Wert	$y = 2x + 4$	$y = 0{,}5x - 3$	$y = -x + 5$

c „schwer“

x-Wert	$y = 12x - 23$	$y = x^2 - 96$	$y = \frac{2}{3}x + 4$

d „sehr schwer“

x-Wert	$y = x^2 + 3x - 5$	$y = 2x - 6x - 100$	$y = -5x^2 - 0{,}5x - 2{,}5$

○ Kontrolliere deine Ergebnisse und zähle deine Punkte zusammen.

____

Autor: Ricardo John • XY ... schnell gelöst! • Lernspiele für Mathematik • Klasse 5–10

Maßeinheiten in Kette

Klassenstufe	5 bis 10
Sozialform	Partner- oder Gruppenarbeit
Kompetenzen	Die Schüler entnehmen einem Text (Geschichte) die mathematisch implizierte Gleichung mit einer naturwissenschaftlichen Größe, die in unterschiedlichen Maßeinheiten auftaucht und berechnen das Endergebnis.
Material	AUFGABENKARTEN (Kurzgeschichten)
Einbindung in den Unterricht	differenzierte Übung (Niveau A und B) und Festigung des Umrechnens von Maßeinheiten unterschiedlicher Größen

Die Schülerinnen und Schüler entnehmen einer praktisch orientierten Situation die mathematische Größe in unterschiedlichen Maßeinheiten, verknüpfen diese als Gleichung (Kettenaufgabe) und berechnen möglichst schnell das Endergebnis.

ABLAUF UND MATERIALBESCHREIBUNG

Die Schülerinnen und Schüler erhalten Kettenaufgaben, die verbal als möglichst praxisnahe Kurzgeschichte auf Aufgabenkarten präsentiert werden. Die Aufgaben ziehen die Schüler von nach Schwierigkeitsgrad gemischten Stapeln.
Für die Bearbeitung möglichst vieler Kettenaufgaben ist den Schülern eine bestimmte Zeitspanne entsprechend den konkreten Bedingungen vorzugeben. Für die richtigen Ergebnisse und Rechenwege erhalten die Schüler Punkte.
Die Ergebnisse und Rechenwege halten die Schüler fest (KV 11).

SPIELREGELN

- Löst innerhalb der vorgegebenen Zeit möglichst viele Aufgaben.
- Lest die Geschichten zu den Aufgaben aufmerksam. Zerlegt die Aufgabe in Teilaufgaben und versucht nun schrittweise die Aufgabe zu lösen.
- Schreibt das Ergebnis und den Rechenweg auf.
- Weiter geht es mit der nächsten Aufgabenkarte.

ALTERNATIVEN UND MÖGLICHKEITEN DER WEITERARBEIT

- Sie können auch frontal die Aufgaben der (unruhigen) Lerngruppe vorlesen und die Schülerinnen und Schüler bestimmen in Einzelarbeit das jeweilige Ergebnis. Wer das Ergebnis zuerst meint zu haben, geht an die Tafel und schreibt das Ergebnis an. Für das richtige Ergebnis erhält der Spieler einen Punkt. Falls jemand auch noch den Rechenweg als Gleichung aufschreiben kann, gibt es einen weiteren Punkt. Eine weitere Spielvariante wäre das Verwenden von Aufgaben, die die Schüler selbst formuliert haben (KV 11).
- Mit diesem Spiel gelingt im weiteren Unterrichtsverlauf ein ansprechender Übergang zum Aufstellen und Lösen von Gleichungen.

STOLPERSTEINE

Entsprechend dem Leistungsvermögen können die Schülerinnen und Schüler Aufgaben mit geringerem (NIVEAU A) oder höherem Schwierigkeitsgrad (NIVEAU B) wählen (siehe unten: Aufgabenkarten I und II).

AUFGABENKARTEN I

1. NIVEAU A Wandern Bestimme den insgesamt zurückgelegten Weg und die benötigte Zeit. Frau Sportlich legt in 2 Stunden 8 km zurück, macht dann 30 Minuten Pause und wandert anschließend 5 km in einer Stunde. Für den Rückweg zum Ausgangspunkt benötigt sie 4 Stunden.	**1. NIVEAU B Wandern** Bestimme den insgesamt zurückgelegten Weg und die benötigte Zeit. Frau Sportlich legt in 1,5 Stunden 7 km zurück, dann macht sie 10 Minuten Pause und wandert anschließend 800 Meter in 3 Minuten. Für den Rückweg zum Ausgangspunkt benötigt sie 2 Stunden.
2. NIVEAU A Sägen Wie lang war das Kupferrohr? Alex Crejew muss eine Wasserleitung reparieren. Er sägt von einem Kupferrohr 5 cm ab. Passt nicht! Er sägt weitere 0,8 cm ab und anschließend noch 0,2 cm. Zum Schluss ist das Rohr 1,20 Meter lang.	**2. NIVEAU B Sägen** Wie lang war das Kupferrohr? Alex Crejew muss eine Wasserleitung reparieren. Er sägt von einem Kupferrohr 5 cm ab. Passt nicht! Er sägt weitere 4 mm ab und anschließend noch 0,03 dm. Zum Schluss ist das Rohr 1,24 Meter lang.
3. NIVEAU A Einkaufen Wie viel Geld hatte Chantal vor dem Einkauf im Portmonee? Sie kauft sich eine Fahrkarte für 1,75 €, ein Eis für 150 ct. und eine Zeitschrift für 0,75 €. In einem Modegeschäft bezahlt sie mit einem 50-€-Schein und erhält 2,75 € Wechselgeld.	**3. NIVEAU B Einkaufen** Wie viel Geld hatte Chantal vor dem Einkauf im Portmonee? Sie kauft sich eine Fahrkarte für 1,75 €, ein Eis für 150 ct. und eine Zeitschrift für 0,75 €. In einem Modegeschäft bezahlt sie mit einem 50-€-Schein und erhält 2,75 € Wechselgeld.
4. NIVEAU A Pizza Wie schwer ist die Pizza nach dem Backen? Der Teig wiegt 250 g und wird mit 30 g Ketchup bestrichen. Der Belag besteht aus 2 Tomaten, einer halben Zwiebel und 80 g Käse. Eine Tomate wiegt 80 g und eine Zwiebel 120 g. Beim Backen verliert die Pizza 10 % ihrer Masse.	**4. NIVEAU B Pizza** Wie schwer ist die Pizza nach dem Backen? Der Teig wiegt 250 g und wird mit 30 g Ketchup bestrichen. Der Belag besteht aus 3,5 Tomaten, einer halben Zwiebel und 80 g Käse. Eine Tomate wiegt 75 g und eine Zwiebel 120 g. Beim Backen verliert die Pizza 18 % ihrer Masse.
5. NIVEAU A Zugreise Wie spät ist es bei Ankunft des Zuges in Berlin? Um 18:00 Uhr fährt der Zug aus Löcknitz los und erreicht nach 20 min Pasewalk. Um 9:30 Uhr fährt der Zug aus Greifswald ein und 2 min später fährt er in Richtung Berlin ab. Dort kommt er verspätet nach 120 min an.	**5. NIVEAU B Zugreise** Wie spät ist es bei Ankunft des Zuges in Berlin? Um 9:25 Uhr fährt der Zug aus Löcknitz los und erreicht nach 14 min Pasewalk. Schon 2 min später fährt der Zug aus Greifswald ein und 180 s später fährt er in Richtung Berlin ab. Dort kommt er nach 2,33 h pünktlich am Hbf. an.

AUFGABENKARTEN II

6. NIVEAU A Regentonne
Wie viel Wasser passt in diese Regentonne?
Die Tonne ist halb gefüllt. Bei einem Schauer sind 280 Liter Wasser in die Tonne geflossen. Anschließend werden zum Gießen 70 Liter entnommen. Der nächste Regen füllt die Tonne mit 90 Litern bis zum Rand.

6. NIVEAU B Regentonne
Wie viel Wasser passt in diese Regentonne?
Die Tonne ist halb gefüllt. Bei einem Schauer fließen 40 l Wasser in die Tonne. Anschließend werden 6 Kannen mit jeweils 4,5 Liter entnommen. Der nächste Regen füllt die Tonne mit 38 l bis zum Rand.

7. NIVEAU A Fahrstuhl
Wie kommt Lisa wieder in das Erdgeschoss?
Im Erdgeschoss steigt Lisa in den Fahrstuhl und fährt 8 Stockwerke nach oben, 7 Stockwerke nach unten und 5 wieder nach oben. Nach einer kurzen Pause fährt sie 12 Stockwerke nach oben und 9 nach unten.

7. NIVEAU B Fahrstuhl
Wie kommt Lisa wieder in das Erdgeschoss?
Im Erdgeschoss steigt Lisa in den Fahrstuhl und fährt 8 Stockwerke nach oben, 10 Stockwerke nach unten und 5 wieder nach oben. Nach einer kurzen Pause fährt sie 6 Stockwerke nach oben und 12 nach unten.

8. NIVEAU A Auf und ab
In welcher Höhe befindet sich die Berghütte?
Die Tour beginnt auf 680 m ü. NN (Meter über Normalnull). Mit der Seilbahn werden 920 Höhenmeter überwunden. Zu Fuß geht es 420 Höhenmeter abwärts und nach einer kurzen Pause weitere 120 Höhenmeter abwärts bis zu einer Berghütte.

8. NIVEAU B Auf und ab
Wie hoch ist der Tschafon (ein Berg in Südtirol)?
Die Tour beginnt in Völs (880 m ü. NN). Bis auf den Schlern (Berg), sind 1,683 Höhenkilometer zu ersteigen. Dann geht es 655 Höhenmeter abwärts nach Tiers. Es folgt ein Anstieg von 709 Höhenmetern bis auf den Tschafon.

9. NIVEAU A Konto
Wie hoch ist der Kontostand auf dem Girokonto?
Paul hat auf seinem Girokonto 120 €. Zum Geburtstag überweisen seine Großeltern 80 €. Er kauft sich ein PC-Spiel für 40 €, Kleidung für 120 € und einen Monitor für 200 €. Seine Eltern überweisen ihm noch 150 €.

9. NIVEAU B Konto
Wie hoch ist der Kontostand auf dem Girokonto?
Paul hat auf seinem Girokonto 122 €. Zum Geburtstag überweisen seine Großeltern 80 €. Er kauft sich ein PC-Spiel für 45,99 €, Kleidung für 117,95 € und einen Monitor für 199,99 €. Seine Eltern überweisen ihm noch 150 €.

10. NIVEAU A Garten
Wie groß ist die Rasenfläche in diesem Garten?
Der Garten ist insgesamt 205 m^2 groß. Der kleine Schuppen nimmt 5 m^2 ein und 10 % der Gartenfläche sind für Gemüsebeete. Das Gewächshaus hat 6 m^2 und der quadratische Sandkasten ist 4 m^2 groß.

10. NIVEAU B Garten
Wie groß ist die Rasenfläche in diesem Garten?
Der Garten ist insgesamt 420 m^2 groß. Der Bungalow nimmt 20 m^2 ein und 12 % der Gartenfläche sind für Gemüsebeete. Das Gewächshaus hat 8,5 m^2 und der quadratische Sandkasten ist 1,5 Meter breit.

Autor: Ricardo John · XY ... schnell gelöst! · Lernspiele für Mathematik · Klasse 5–10

Name:		Gleichungen	KV 11
Klasse:	Datum:		

Kettenaufgaben

- Notiere die Kartennummer, die Rechenergebnisse und die Rechenwege.

- Formuliert selbst interessante Kettenaufgaben. Benutzt auch die Blattrückseite.

Autor: Ricardo John • XY ... schnell gelöst! • Lernspiele für Mathematik • Klasse 5–10 • Grafik: Stefan Giertzsch

Kassierer im Supermarkt

Klassenstufe	5 und 6
Sozialform	Partnerarbeit
Kompetenzen	Die Schüler wechseln virtuell Geldbeträge bei fiktiven Bezahlvorgängen im Internet.
Material	ein Computer mit Internetzugang und einem Programm, z. B. dem Kassenspiel auf der Seite der „Matheretter“, und eine Stoppuhr
Einbindung in den Unterricht	Eine gelungene Möglichkeit, um den Bezahlvorgang einzuführen oder das Geldwechseln zu üben und zu festigen.

Die Schülerinnen und Schüler simulieren den Bezahlvorgang beim Einkaufen durch richtiges Herausgeben von Geldbeträgen.

ABLAUF UND MATERIALBESCHREIBUNG

Die Schülerinnen und Schüler laden im Internet die Seite der „Matheretter“ und öffnen das Spiel „Kassenspiel Geldrückgabe“. Geben Sie das gemeinsame Level vor. Pro Level sind jeweils 8 Aufgaben zu lösen. Mittels der Levelauswahl können Sie sehr gut den Schwierigkeitsgrad differenzieren. Die Schüler spielen in Partnerarbeit. Ein Spieler „sitzt an der Kasse“ und der andere stoppt die Zeit.

SPIELREGELN

- Du sitzt heute an der Kasse im Supermarkt.
- Dein Mitspieler stoppt die Spielzeit.
- Die Anzeige zeigt dir den Zahlbetrag.
- Der Kunde gibt dir eine bestimmte Geldsumme.
- Du musst jetzt möglichst schnell den richtigen Wechselbetrag auswählen und mit der PC-Maus in die Ablage schieben.
- Dein Mitspieler notiert die Ergebnisse (Spiel-Statistik) und die insgesamt benötigte Zeit.
- Gewonnen hat, wer allen „Kunden“ richtig herausgegeben hat.
- Sollten mehrere Spieler alle Aufgaben richtig gelöst haben, dann entscheidet, wer am schnellsten war.

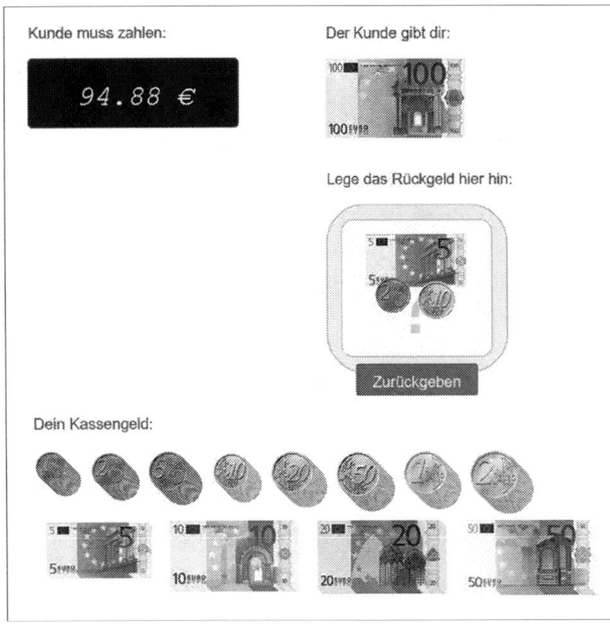

Online „Kassenspiel Geldrückgabe“, Matheretter

ALTERNATIVEN UND MÖGLICHKEITEN DER WEITERARBEIT

Dieses Spiel kann alternativ auch mit Spielgeld realisiert werden. Für diesen Fall geben Sie beispielsweise auf Aufgabenkarten die Zahlbeträge und das vom Kunden gegebene Geld vor. Die Schüler stellen entsprechend das Rückgeld zusammen und notieren die Ergebnisse. Als weiterführende Aufgabe werden die Bezahlvorgänge als mathematische Gleichung formuliert.

Schere-Stein-Papier

Klassenstufe	7 bis 10
Sozialform	Gruppenarbeit (3 Schüler)
Kompetenzen	Die Schüler planen, realisieren, protokollieren und werten ein Zufallsexperiment aus.
Material	–
Einbindung in den Unterricht	Erarbeiten oder Anwenden der mathematischen Größen: Absolute Häufigkeit, Relative Häufigkeit und Wahrscheinlichkeit. Darstellung der Ergebnisse in einem Kreisdiagramm.

Das Spiel „Schere-Stein-Papier" dürfte dem Großteil der Schülerinnen und Schüler bekannt und vertraut sein. Im Prozess dieses einfachen Zufallsexperimentes erarbeiten sie statistische Größen und Größen der Wahrscheinlichkeiten.

ABLAUF UND MATERIALBESCHREIBUNG

Die Schülerinnen und Schüler spielen im Wechsel jeweils mit 2 Spielern und einem Protokollanten.
Die geschlossenen Fäuste bewegen die Spieler gleichzeitig dreimal hin und her. Beim dritten Mal öffnen sie gleichzeitig die Fäuste und bilden eine Figur: Schere, Stein oder Papier. Bilden beide Spieler jeweils die gleiche Figur, dann zählt der Durchgang als Unentschieden. Nach je 30 Durchläufen und 2 Wechseln ergeben sich insgesamt 90 Einzelspiele, deren Ergebnisse tabellarisch erfasst werden (KV 12).
Anschließend bestimmen die Schülerinnen und Schüler die statistischen Größen und berechnen vorgegebene Wahrscheinlichkeiten (KV 12). Entsprechend den konkreten Bedingungen kann die Spielauswertung in Einzel-, Partner- oder Gruppenarbeit erfolgen. Die Ergebnisse sämtlicher Schüler werden im Plenum zusammengestellt, ausgewertet und diskutiert.

SPIELREGELN

- Spielt in Gruppen von 3 Spielern.
- Jeder spielt gegen jeden und ein Spieler schreibt die Ergebnisse auf.
- Pro Durchgang spielt ihr 30-mal.
- Die Fäuste bewegt ihr gleichzeitig hin und her.
- Beim dritten Mal bildet ihr gleichzeitig eine der drei Figuren: Schere, Stein oder Papier.
- Schere schlägt Papier. Papier verliert gegen Schere.
- Papier schlägt Stein. Stein verliert gegen Papier.
- Stein schlägt Schere. Schere verliert gegen Stein.
- Bei gleichen Figuren ist es ein Unentschieden.

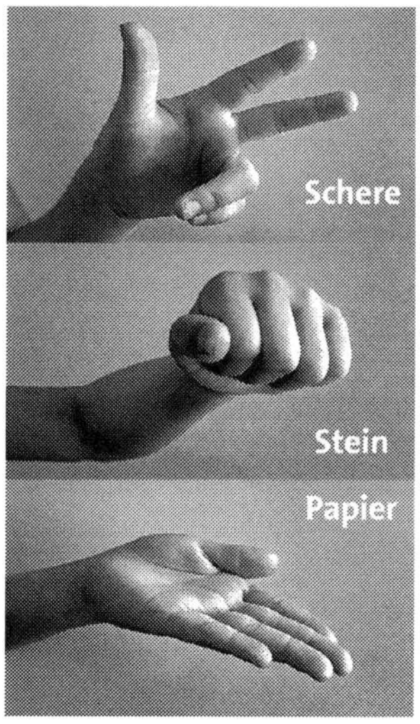

Foto: Ricardo John

STOLPERSTEINE

Die Berechnung der relativen Häufigkeiten, das Bestimmen von Wahrscheinlichkeiten und das Zeichnen eines Kreisdiagramms sollte situationsabhängig an einem Beispiel demonstriert werden.

Name:		Zufall und Wahrscheinlichkeit	**KV 12**
Klasse:	Datum:		

Schere-Stein-Papier

- Deine Spielpartner sind ______________________________

  ____

- Tragt die Ergebnisse für alle Spiele ein und bildet die Summen.

	Strichliste	Summe (absolute Häufigkeit)	Prozentual (relative Häufigkeit)
Schere schlägt Papier			
Papier schlägt Stein			
Stein schlägt Schere			
Unentschieden			

- Berechnet die relativen Häufigkeiten und tragt die Werte in die Tabelle ein.

- Zeichnet für die Verteilung der relativen Häufigkeiten ein Kreisdiagramm.
- Berechnet die Wahrscheinlichkeit für:

  a Schere schlägt Papier: ______________

  b Papier schlägt Stein: ______________

  c Stein schlägt Schere: ______________

  d Unentschieden: ______________

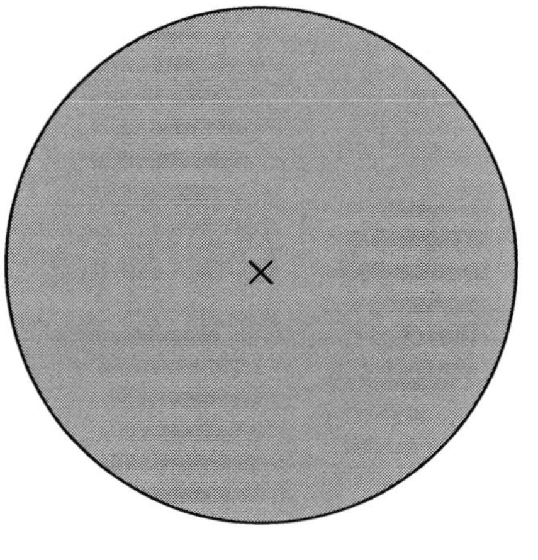

Autor: Ricardo John · XY ... schnell gelöst! · Lernspiele für Mathematik · Klasse 5–10 · Grafik: Stefan Giertzsch

Wer würfelt den größten Betrag?

Klassenstufe	7 und 8
Sozialform	Einzel- oder Partnerarbeit
Kompetenzen	Die Schüler führen ein Zufallsexperiment durch, werten es hinsichtlich statistischer Größen aus und berechnen Wahrscheinlichkeiten.
Material	ein Spielwürfel, eine geeignete Unterlage zum Würfeln (z. B. eine Jacke oder eine Decke)
Einbindung in den Unterricht	Besonders für die Einführung der statistischen Größen absolute und relative Häufigkeit und die Berechnung von Wahrscheinlichkeiten geeignet.

Die Schülerinnen und Schüler arbeiten und üben selbstständig an einem praktischen Beispiel das Erfassen, Sortieren, Auswerten und Darstellen von Datenreihen. Mit diesem Spiel gelingt der Übergang zu ein- und mehrstufigen Zufallsexperimenten.

ABLAUF UND MATERIALBESCHREIBUNG

Beginnen Sie mit der Charakterisierung eines Zufallsexperimentes (bzw. in unserem Kontext eines Zufallsspiels). Man kann es unter gleichen Bedingungen beliebig oft wiederholen. Alle möglichen Ergebnisse des Experimentes sind vorher bekannt. Das konkrete Ergebnis ist aber zufällig. Die Schüler nehmen dann in Einzel- oder Partnerarbeit die Datenreihe auf.

- Sie würfeln eine bestimmte Anzahl (z. B. 50-mal).
- Sie würfeln eine bestimmte Zeit (z. B. 5 Minuten).

Während des Würfelns führen die Schüler selbstständig eine Strichliste und bestimmen anschließend die absolute und relative Häufigkeit der Augenzahlen (KV 13). Innerhalb der weiteren Auswertung stellen die Schüler die Verteilung in einem Kreisdiagramm dar und berechnen die Wahrscheinlichkeiten bestimmter Ereignisse.

SPIELREGELN

- Würfel leise z. B. auf einem Tuch.
- Die Anzahl der Würfe oder die Spielzeit werden vorgegeben.
- Führe eine Strichliste während des Würfelns.
- Gewonnen hat, wer insgesamt die größte Summe der Augenzahlen erreicht hat.

ALTERNATIVEN UND MÖGLICHKEITEN DER WEITERARBEIT

- Nach den einzelnen Experimenten können Sie die Ergebnisse z. B. auf einem Smartboard zusammentragen, die insgesamten Häufigkeiten ermitteln und mit den einzelnen Ergebnissen vergleichen lassen. Es sollte eine deutliche Gleichverteilung erkennbar werden.
- Mit den Angaben zur Wahrscheinlichkeit und dem Übergang zu mehrstufigen Zufallsexperimenten können Baumdiagramme thematisiert werden.

STOLPERSTEINE

Die Berechnungen der relativen Häufigkeit und der Wahrscheinlichkeit gehen auf die Prozentrechnung zurück, die erfahrungsgemäß in diesem Kontext wiederholt werden muss. Gleiches gilt für das Erstellen eines Kreisdiagramms.

Name:		Zufall und Wahrscheinlichkeit	KV 13
Klasse:	Datum:		

Würfeln

- Warum ist das Würfeln ein Zufallsexperiment?

___

___

___

- Führe beim Würfeln eine Strichliste.

Augen						
Strichliste						

- Bestimme für jede Augenzahl die absolute und relative Häufigkeit.

Augenzahl	1	2	3	4	5	6
absolute Häufigkeit						
relative Häufigkeit						

- Zeichne für die Verteilung der Augenzahlen ein Kreisdiagramm.
- Interpretiere das Kreisdiagramm.

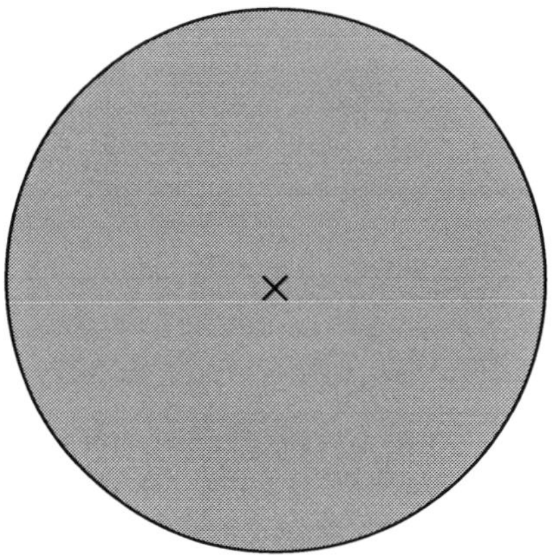

___

___

___

___

___

___

___

- Gib die Wahrscheinlichkeit für das Würfeln der Augenzahlen an.

___

___

Rundum glücklich

Klassenstufe	5 bis 10
Sozialform	Gruppenarbeit (6 bis 8 Schüler)
Kompetenzen	Die Schüler führen ein Zufallsexperiment durch und werten es hinsichtlich der für die Jahrgangsstufe relevanten statistischen Größen aus.
Material	ein Rad mit verschiedenen Zahlen in gleich große Sektoren eingeteilt (z. B. ein magnetisches Rad)
Einbindung in den Unterricht	Besonders für die Einführung der statistischen Größen Urliste, Mittelwert, Median, Maximum, Minimum usw. geeignet.

Durch n-faches Drehen eines mit Zahlen beschrifteten Rades soll innerhalb einer Lerngruppe eine möglichst hohe Summe gedreht werden.

ABLAUF UND MATERIALBESCHREIBUNG

Beginnen Sie mit der Charakterisierung eines Zufallsexperimentes (bzw. in unserem Kontext eines Zufallsspiels). Man kann es unter gleichen Bedingungen beliebig oft wiederholen. Alle möglichen Ergebnisse des Experimentes sind vorher bekannt. Das konkrete Ergebnis ist aber zufällig. Entsprechend der Jahrgangsstufe und dem Leistungsvermögen kommt ein entsprechend gestaltetes Rad (Anzahl der Sektoren) zum Einsatz.
Die Spieler einer Gruppe drehen abwechselnd das Rad bis die geforderte Anzahl erfüllt ist. Die gedrehten Zahlen werden für die Bestimmung des Siegers addiert (KV 14). Mit den Ergebnissen der Mitspieler bestimmt jeder Spieler entsprechend der Jahrgangsstufe die relevanten statistischen Größen (KV 14). Als Abschluss präsentieren die Gruppen ihre Ergebnisse vor der Lerngruppe.

SPIELREGELN

- Dreht abwechselnd das Rad.
- Die Anzahl der Durchgänge wird vorgegeben.
- Notiert eure Ergebnisse.
- Addiert alle Werte zum Gesamtergebnis.

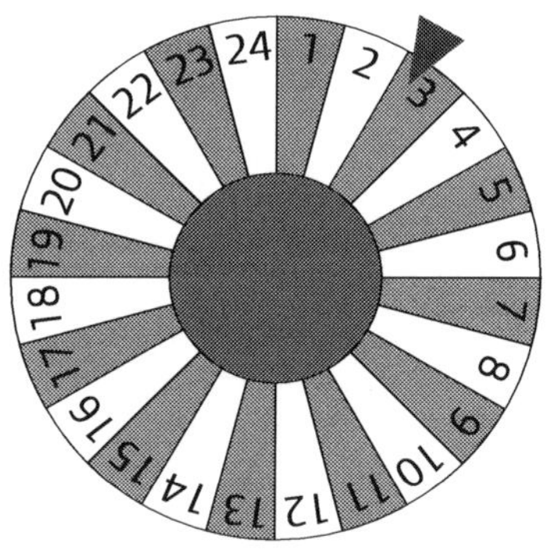

Grafik: Stefan Giertzsch

ALTERNATIVEN UND MÖGLICHKEITEN DER WEITERARBEIT

- Alternativ können auch die Ergebnisse sämtlicher Gruppen zusammengetragen und für die Bestimmung der statistischen Größen herangezogen werden.
- Nach der Betrachtung statistischer Größen können Sie mit diesem Spiel ein- und mehrstufige Zufallsexperimente thematisieren.

STOLPERSTEINE

Eventuell ist es erforderlich, die Bedeutung der zu ermittelnden statistischen Größen zu wiederholen, am Beispiel vorzurechnen oder als Hilfekarten zur Verfügung zu stellen.

Name:		Statistische Größen	KV 14
Klasse:	Datum:		

Am Rad drehen

- Warum ist das Drehen eines Rades ein Zufallsexperiment?

____

____

____

- Skizziere das Rad mit der Aufteilung in Sektoren.
- Drehe die vorgegebene Anzahl und notiere die Punkte.

____

- Addiere deine Punkte.

____

- Wer ist der Gruppensieger?

____

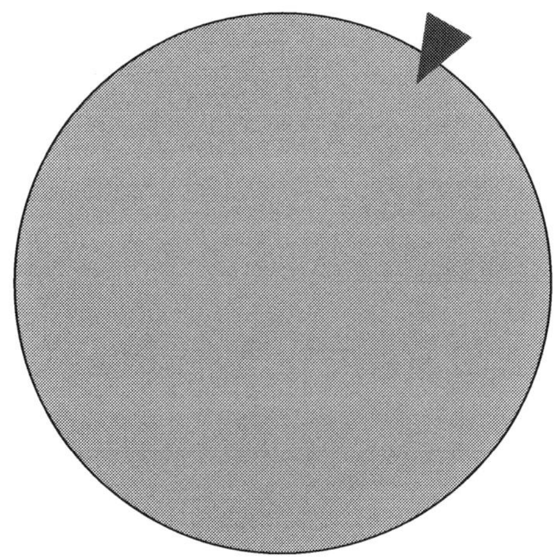

- Schreibe die Werte aller Mitspieler in sortierter Reihenfolge (Urliste) auf.

____

- Bestimme die folgenden statistischen Größen und notiere die Werte.

Statistische Größe	Wert
Grundwert	
Maximum	
Minimum	
Spannweite	

Statistische Größe	Wert
Modus	
Mittelwert (Durchschnitt)	
Ausreißer	
Median (Zentralwert)	

Autor: Ricardo John • XY ... schnell gelöst! • Lernspiele für Mathematik • Klasse 5–10 • Grafik: Stefan Giertzsch

Schüttle mich!

Klassenstufe	5 und 6
Sozialform	Partnerarbeit
Kompetenzen	Die Schüler üben das Kopfrechnen (Addition, Subtraktion und Multiplikation) mit zufällig erzeugten Zahlen.
Material	2, 3 oder 4 Spielwürfel mit 6 oder mehr Seiten, eine kleine durchsichtige Plastikbox
Einbindung in den Unterricht	Besonders für die Durchführung täglicher Übungen im Kopfrechnen geeignet.

Die Schülerinnen und Schüler können mit diesem Spiel selbstständig in Partnerarbeit das schnelle Reagieren auf zufällig erzeugte Rechenaufgaben trainieren.

ABLAUF UND MATERIALBESCHREIBUNG

Die Schülerinnen und Schüler arbeiten in Partnerarbeit. Ein Spieler schüttelt die Box und stellt sie auf den Tisch. Der andere Spieler bildet entsprechend der Aufgabenstellung die Summe, das Produkt oder die Differenz zwischen der größten und kleinsten Augenzahl. Der Partner kontrolliert das Ergebnis und vergibt für jedes richtige Ergebnis einen Punkt. Anschließend werden die Rollen getauscht. Geben Sie die Spielzeit vor.

SPIELREGELN

- Die Box kann 2 und mehr Spielwürfel enthalten.
- Die Spielwürfel können 6 und mehr Seiten haben.
- Schüttle die Box mit den Würfeln und stell sie ab.
- Lass deinen Mitspieler das Ergebnis berechnen.
- Kontrolliere das Ergebnis.
- Für ein richtiges Ergebnis erhält dein Mitspieler einen Punkt. Schreibt eure Punkte auf (Strichliste).
- Nach jeder Aufgabe wechselt ihr die Rollen.

Foto: Ricardo John

ALTERNATIVEN UND MÖGLICHKEITEN DER WEITERARBEIT

- Das Rechnen kann auch mit virtuellen Würfeln am Smartboard erfolgen (z. B. mit einem Online-Würfel).
- Schüler, die das richtige Ergebnis nach Meldung sagen, erhalten einen Punkt.

STOLPERSTEINE

Der Schwierigkeitsgrad lässt sich für die einzelnen Gruppen sehr gut durch die Anzahl der Würfel und die Anzahl der Seiten differenzieren.

Die Schulhofvermesser

Klassenstufe	7 bis 10
Sozialform	Partner- oder Gruppenarbeit (3 bis 4 Schüler)
Kompetenzen	Die Schüler erkunden den Schulhof hinsichtlich der Längen und Winkel vorhandener Flächen und Körper, vermessen diese mit geeigneten Messgeräten und führen Berechnungen durch.
Material	ein Zollstock und/oder ein Maßband, ein Winkelmesser
Einbindung in den Unterricht	Praktische Anwendung für das Messen und Berechnen des Flächeninhaltes, Umfangs, Volumens geometrischer Flächen und Körper aus dem unmittelbaren Erfahrungsbereich der Schüler.

Das Ziel dieses Spiels besteht im „geometrischen Erkunden“ des Schulhofs durch praktische Längen- und Winkelmessungen, die für Berechnungen an den vorhandenen Flächen und Körpern benötigt werden.

ABLAUF UND MATERIALBESCHREIBUNG

Nach der Zusammenstellung der Gruppen und einer Belehrung hinsichtlich des Verhaltens auf dem Schulhof begeben sich die Gruppen auf den Schulhof und nehmen dort Messungen von Längen und Winkeln vor. Innerhalb einer vorgegebenen Zeit müssen möglichst viele sinnvolle Objekte untersucht werden (KV 15).

SPIELREGELN

- Wählt ein Objekt auf dem Schulhof aus.
- Ordnet das passende geometrische Modell dem Objekt zu.
- Messt die notwendigen Seitenlängen und Winkel.
- Schreibt die Messwerte auf.
- Bei einer Fläche berechnet ihr den Flächeninhalt und den Umfang.
- Bei einem Körper berechnet ihr das Volumen und die Oberfläche.
- Gewonnen hat die Gruppe mit den meisten sinnvollen Ergebnissen.

ALTERNATIVEN UND MÖGLICHKEITEN DER WEITERARBEIT

Statt Messungen können Sie das Spiel auch als Schätzspiel durchführen lassen. Dabei werden dann die Längen und Winkel sinnvoll geschätzt und mit den Schätzwerten die Berechnungen durchgeführt. Im Anschluss an die Vermessung des Schulhofes thematisieren Sie „Grundrisse“, und die Schülerinnen und Schüler erstellen den Grundriss des Schulhofs und Berechnen die einzelnen Flächen. Zur Vorbereitung skizzieren die Schüler vor Ort den Schulhof und nehmen mit einem Maßband die erforderlichen Messwerte auf (KV 16). Bei einem sehr umfangreichen Schulhof sollte die Untersuchung auf einen überschaubaren Teilbereich beschränkt werden.

STOLPERSTEINE

Eventuell ist es in leistungsschwächeren Lerngruppen erforderlich, gemeinsam als Demonstration eine Fläche und einen Körper zu vermessen und die entsprechenden Größen zu berechnen.

Name:		Figuren und Körper	KV 15
Klasse:	Datum:		

Die Schulhofvermesser: Flächen und Körper

- Schreibe die Spielaufgabe auf.

___

___

___

- **SPIEL AB:** Tragt die Ergebnisse in die Tabelle ein.

a Flächen

Bezeichnung der Fläche	Geometrische Form	Messwerte	Umfang u	Flächeninhalt A

b Körper

Bezeichnung des Gegenstandes	Geometrische Körperform	Messwerte	Volumen V	Oberflächeninhalt A

- **ZUSATZ:** Skizziere 2 Gegenstände vereinfacht in räumlicher Darstellung. Nutze die Blattrückseite.

Autor: Ricardo John • XY ... schnell gelöst! • Lernspiele für Mathematik • Klasse 5–10

Name:		Figuren und Flächen	KV 16
Klasse:	Datum:		

Der Schulhof von oben gesehen (Grundriss)

- Wozu benötigt man einen Grundriss? Erläutere kurz 2 Beispiele.

____

____

____

____

____

- Skizziert den Schulhof-Grundriss.

- Erstellt nach eurem Grundriss eine maßstäbliche Zeichnung.

Autor: Ricardo John · XY ... schnell gelöst! · Lernspiele für Mathematik · Klasse 5–10 · Grafik: Stefan Giertzsch

Wir suchen das SUPERSTAR-Steckbild!

Klassenstufe	5 bis 10
Sozialform	Einzelarbeit
Kompetenzen	Die Schüler orientieren sich im kartesischen Koordinatensystem. Sie können Punkte und Figuren anhand der Koordinaten $(x\|y)$ darstellen und ablesen. Entsprechend der Klassenstufe kann mit einem, mit zwei oder mit vier Quadranten gespielt werden.
Material	ein Koordinaten Steckbrett, Gummis, Pins
Einbindung in den Unterricht	Aufbau des karthesischen Koordinatensystems und Darstellung von Punkten in den vier Quadranten.

Mit diesem Spiel generiert jeder Spieler eine komplexe Figur im kartesischen Koordinatensystem, die von einer Jury bewertet wird.

ABLAUF UND MATERIALBESCHREIBUNG

Die Schülerinnen und Schüler entwerfen zunächst eine Figur aus Punkten und Verbindungslinien auf Papier, notieren die Koordinaten der Pins und geben an, welche Punkte verbunden sind. Anschließend stecken sie entsprechend ihrer Vorlage das Bild mit den Pins und Gummis auf dem Steckbrett. Natürlich ist auch die umgekehrte Vorgehensweise möglich. Die Jury, bestehend aus z. B. 3 gewählten Mitschülern und der Lehrkraft, vergibt jeweils maximal 5 Punkte für die Idee, die Komplexität und Kreativität bei der Umsetzung. SUPERSTAR ist das Bild, das die meisten Punkte erhalten hat.

SPIELREGELN

- Du darfst nur das Steckbrett, die Pins und Gummis verwenden.
- Stecke mit den Pins eine erkennbare Figur.
- Du darfst Pins verwenden und sie mit Gummis verbinden.
- Eine Jury bewertet dein Steckbild mit Punkten.
- Gewonnen hat der Spieler, der die meisten Punkte erhält.

ALTERNATIVEN UND MÖGLICHKEITEN DER WEITERARBEIT

Mit dem Arbeitsblatt (KV 17) können Sie das Spiel zusammenfassend auswerten.

STOLPERSTEINE

Bei sehr großen Lerngruppen können Sie das Spiel auch in Partnerarbeit durchführen lassen, um die Auswertungsphase zu verkürzen.
Entsprechend der Jahrgangsstufe spielen die Schüler nur mit dem ersten oder mit dem ersten und zweiten oder mit allen vier Quadranten. Mit dem Arbeitsblatt (KV 18) können Sie im Vorfeld den Aufbau des Koordinatensystems wiederholen.

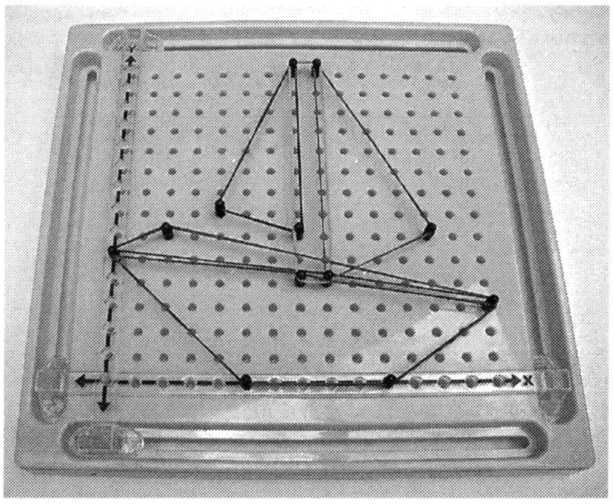

Foto: Ricardo John

Name:		Kartesisches Koordinatensystem	KV 17
Klasse:	Datum:		

Wir suchen das SUPERSTAR-Steckbild!

- Überlege dir, welche Figur du erstellen möchtest.
- Beschrifte die beiden Achsen des abgebildeten Steckbretts.

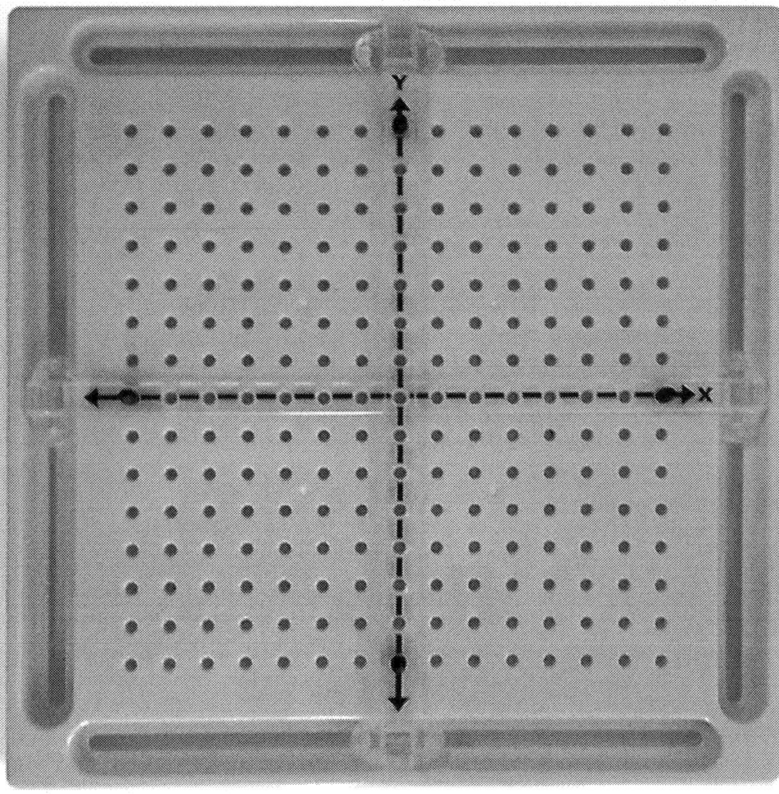

- **SEI KREATIV:** Stecke und verbinde die Pins zu einer Figur.
- Schreibe die Koordinaten von allen Punkten auf und vermerke welche Punkte miteinander verbunden sind.

Autor: Ricardo John • XY ... schnell gelöst! • Lernspiele für Mathematik • Klasse 5–10 • Foto: Ricardo John • Grafik: Stefan Giertzsch

Name:		Kartesisches Koordinatensystem	KV 18
Klasse:	Datum:		

Ein Kandidat stell sich vor

Hier ist ein bereits fertig gesteckter Kandidat.

- Was könnte hier dargestellt sein? ______________________________
- Beschrifte die Achsen des Steckbrett-Koordinatensystems.
- Bezeichne alle Punkte (Pins) mit Buchstaben.

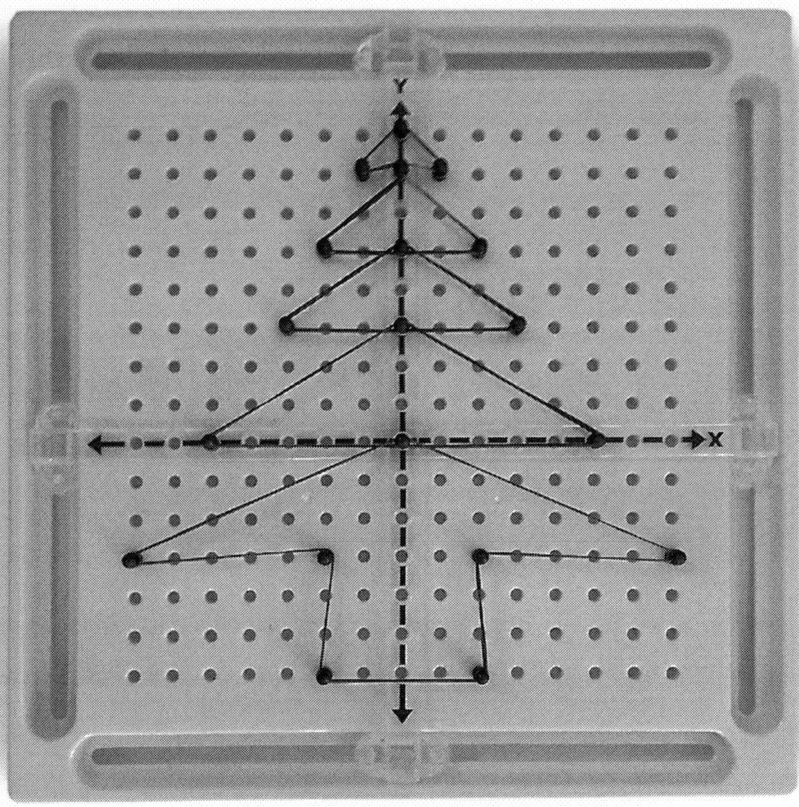

- Schreibe die Koordinaten von allen Punkten auf und vermerke, welche Punkte miteinander verbunden sind.

Autor: Ricardo John • XY … schnell gelöst! • Lernspiele für Mathematik • Klasse 5–10 • Foto: Ricardo John • Grafik: Stefan Giertzsch

Faltübungen – online und real

Klassenstufe	5 und 6
Sozialform	Einzel- oder Partnerarbeit
Kompetenzen	Die Schüler falten virtuell und real geometrische Figuren (Vierecke und Dreiecke). Anschließend nehmen sie Berechnungen zum Umfang und zum Flächeninhalt vor.
Material	ein Computer mit Internetzugang und eine Webseite mit kostenlosen Online-Spielen zum Origami falten sowie Papierbögen, ein Lineal, ein Winkelmesser, Stoppuhr
Einbindung in den Unterricht	Mit diesem Spiel gelingt eine ansprechende und sehr anschauliche Festigung, Übung und Anwendung zu den geometrischen Figuren Vier- und Dreieck.

Die Schülerinnen und Schüler setzen virtuell Figuren zusammen, die sie anschließend real falten und nehmen an ihnen Messungen und Berechnungen vor.

ABLAUF UND MATERIALBESCHREIBUNG

Die Schülerinnen und Schüler laden im Internet eine passende Seite zum Thema „Faltfiguren", um zu üben und Anregungen zu finden. Einige Informationen sind auf manchen Spieleseiten in englischer Sprache. Wählen Sie oder die Schüler selbst eine Figur aus, die die Schüler zuerst virtuell und/oder anschließend real falten (KV 19). Für die Aufgaben steht eine vorgegebene Zeitspanne zur Verfügung oder die benötigte Zeit wird gestoppt.

SPIELREGELN

- Öffne die entsprechende Internetseite.
- Lies aufmerksam die dortigen Informationen und probiere das Falten virtuell aus.
- Wähle eine Figur aus und falte sie möglichst schnell aus einem Bogen Papier.
- Gewonnen hat, wer am schnellsten bzw. innerhalb der vorgegebenen Zeit die Figur richtig gefaltet hat.
- Sollten das mehrere Spieler erreicht haben, dann entscheidet der gewählte Schwierigkeitsgrad.

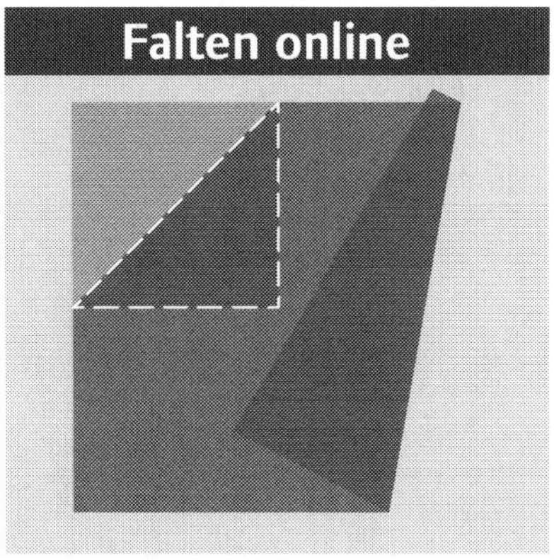

Grafik: Stefan Giertzsch

ALTERNATIVEN UND MÖGLICHKEITEN DER WEITERARBEIT

Da in vielen derartigen Spielprogrammen die Instruktionen in englischer Sprache verfasst wurden, bietet sich das Spiel besonders für den bilingualen Unterricht an. Als weiterführende Aufgabe untersuchen die Schülerinnen und Schüler die gefalteten Objekte. Dabei nehmen sie Messungen und Berechnungen vor (KV 19).

STOLPERSTEINE

Sollte die Schüler Schwierigkeiten beim Übersetzen der Spielinstruktionen zeigen, kann z. B. der *google-Übersetzer* genutzt werden oder Sie lassen gemeinsam innerhalb der Lerngruppe den Text übersetzen.

Name:		Faltübungen	KV 19
Klasse:	Datum:		

Falten mit Pfiff!

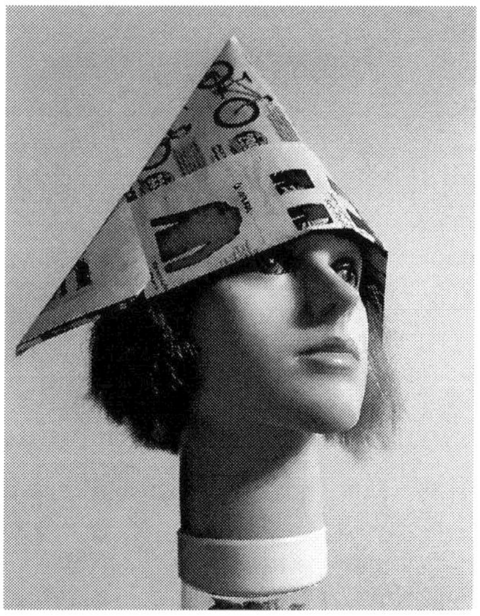

- Wähle eine Figur aus, die du falten möchtest.

  ____

- Nimm einen Bogen Papier und falte die ausgewählte Figur.
  HINWEISE:
  - Denke daran, deine Zeit wird gestoppt.
  - Im Internet kannst du zum Falten von Figuren Bauanleitungen finden und interessante Videos bestaunen.
- Wie lange hast du benötigt?

  ____

- Beschreibe kurz den Schwierigkeitsgrad deiner Figur.

  ____

- Nimm deine Figur wieder vorsichtig auseinander.
- Wie viele Flächen ergeben sich durch die Faltlinien?

  ____

- Wähle mindestens drei Flächen aus und berechne jeweils ihren Umfang u und den Flächeninhalt A.

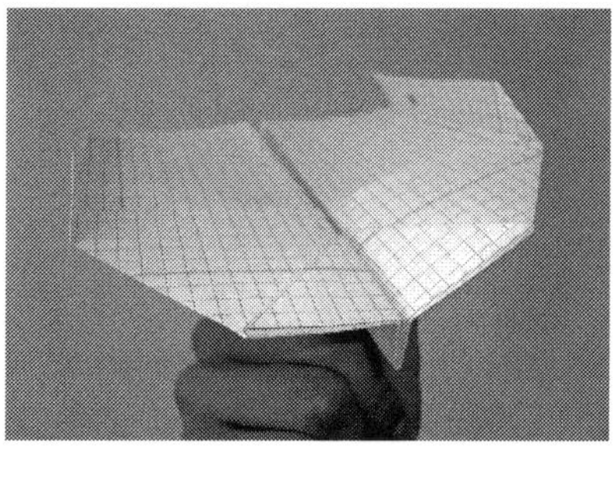

Autor: Ricardo John • XY ... schnell gelöst! • Lernspiele für Mathematik • Klasse 5–10 • Foto: Ricardo John • Grafik: Stefan Giertzsch

Domino-Rechnen – online

Klassenstufe	7 bis 10
Sozialform	Einzelarbeit
Kompetenzen	Die Schüler trainieren das schnelle Reagieren und komplexe Kombinieren innerhalb eines Online-Spiels. Sie müssen konkretisierte Spielregeln erfassen und umsetzen. Für die Auswertung üben die Schüler das Kopfrechnen mit den Grundrechenarten.
Material	ein Computer (alternativ ein Smartphone) mit Internetzugang, passende Internetangebote zum Spiel „Domino" (z. B. die deutsche Seite „Spielaffe")
Einbindung in den Unterricht	Das Online-Domino bietet sich im Rahmen der Thematisierung und Durchführung von mathematisch orientierten Projekten, Kursen usw. als komplexe Praxisanwendung an.

Die Schüler erfassen Spielregeln und wenden diese im Spielverlauf an. Sie trainieren spielerisch den Umgang mit Zahlen und üben das Kopfrechnen an einem praktischen Beispiel. Das Spielen nach komplexen Regeln fördert das algorithmische Denken.

ABLAUF UND MATERIALBESCHREIBUNG

Wählen Sie zunächst ein geeignetes Online-Dominospiel entsprechend den Hinweisen (siehe Vorwort) aus und testen sie es selbst. Überprüfen Sie auch unbedingt, ob die Computer mit einer Internetverbindung im Unterrichtsraum funktionstüchtig sind. Alternativ können auch Smartphones mit einer Spiele-APP zum Einsatz kommen.
Nachdem die Schüler die Computer hochgefahren haben, laden sie die Internetseite und machen sich möglichst selbstständig mit dem Spiel (Programm) vertraut. Dabei stehen die konkreten Spielregeln im Mittelpunkt, da diese in den verschiedenen Angeboten stark voneinander abweichen. Den Spielverlauf protokollieren die Schüler partiell und werten einzelne Spielabläufe aus (KV 20).

SPIELREGELN

- Hier ein Beispiel für englischsprachige Spielregeln:

  Rules for Dominoes
  There are many different of types of domino sets in use all over the world and you can play a great number of games with them. The two most commonly played games in the West are the "standard" or "block" game and the "draw" game. Usually, the games are played with the standard or "double-six" domino set containing 28 tiles, but they can also be played with a double-nine or a double-twelve set. In England, Dominoes is typically played in pubs by two teams á two players each who sit facing each other. In the United States, however, the game All Fives is probably the most popular variation of Dominoes.

ALTERNATIVEN UND MÖGLICHKEITEN DER WEITERARBEIT

Die Spielregeln *(instructions, game rules)* können Sie innerhalb eines bilingualen Unterrichts in Englisch vorgeben und übersetzen lassen.

STOLPERSTEINE

Schülerinnen und Schüler können beim Auftreten von Problemen auch zu zweit an einem Computer arbeiten. Generelle Fragen sollten Sie frontal (z. B. online am Smartboard) beantworten.

Name:		Domino – online	KV 20
Klasse:	Datum:		

Domino – Online game

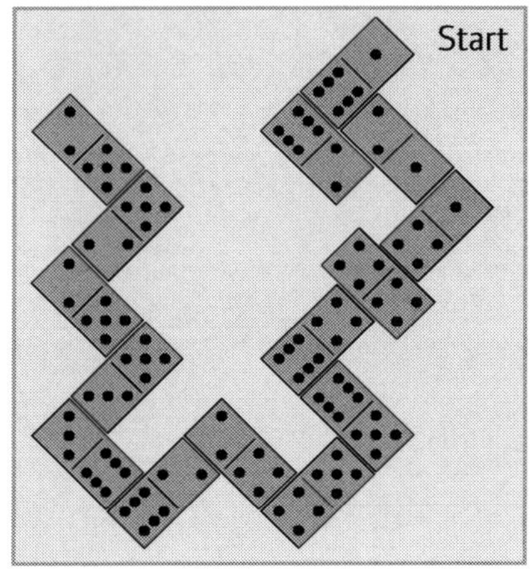

- o **ZUM ÜBEN:** Werte dieses Dominospiel aus.
  - **a** Addiere die Augen.

    ____

  - **b** Subtrahiere die Augen fortlaufend.

    ____

  - **c** Multipliziere die Augen.

    ____

- o Schreibe die Internetadresse für das gewählte Online-Dominospiel auf.

  ____

- o Wähle den Button Spielregeln und notiere diese stichpunktartig.

  ____

  ____

  ____

  ____

  ____

- o Skizziere einen Spielverlauf und werte ihn aus.

Autor: Ricardo John • XY ... schnell gelöst! • Lernspiele für Mathematik • Klasse 5–10 • Grafik: Stefan Giertzsch

Sudoku – online

Klassenstufe	5 bis 10
Sozialform	Einzel- oder Partnerarbeit
Kompetenzen	Die Schüler trainieren das logische und analytische Denken. Die Verfahren Sichten, Durchzählen, Ausschließen und systematisches Probieren stehen dabei im Mittelpunkt.
Material	ein Computer oder Smartphone mit Internetzugang und Online-Sudoku-Angebote (z. B. vom *Tagesspiegel*)
Einbindung in den Unterricht	Das Lösen von Sudoku-Rätseln lässt sich vorwiegend indirekt und übergreifend sämtlichen Unterrichtsinhalten der Mathematik zuordnen. Hier bieten sich Projekte, Vertretungsstunden und Differenzierung- bzw. Erweiterungsangebote an.

Sudoku-Rätsel fördern das logische und systematische Denken der Schüler.

ABLAUF UND MATERIALBESCHREIBUNG

Wählen Sie aus der riesigen Menge an Online-Sudoku-Angeboten ein geeignetes aus und testen sie es zunächst selbst und überprüfen Sie auch unbedingt, ob die Computer mit einer Internetverbindung im Unterrichtsraum funktionstüchtig sind. Für Sudoku eignen sich auch Smartphones besonders gut. Die Schülerinnen und Schüler können weitgehend selbstständig arbeiten, da die Angebote auch Anleitungen, Beispiele und Lösungsmethoden bereitstellen. Den Spielverlauf protokollieren die Schüler partiell und werten beispielsweise ein Sudoku aus (KV 21).

SPIELREGELN

- Das Spielfeld (Gitter) bilden 9 × 9-Kästchen (9 Spalten, 9 Zeilen und 9 Blöcke).
- In einige Kästchen sind bereits Ziffern vorgegeben.
- Die restlichen Kästchen füllst du mit den Ziffern 1 bis 9.
- In jeder Spalte, jeder Zeile und in jedem Block dürfen die Ziffern 1 bis 9 immer nur einmal vorkommen.
- Weitere Hinweise und Erläuterungen zum Spiel finden die Schüler auf der jeweiligen Sudoku-Startseite.

	3							
			1	9	5			
		8					6	
8				6				
4			8					1
				2				
	6					2	8	
			4	1	9			5
							7	

Grafik Stefan Giertzsch

ALTERNATIVEN UND MÖGLICHKEITEN DER WEITERARBEIT

Die Varianten: Killer Sudoku, X-Sudoku, Multi-Sudoku usw. erhöhen den Schwierigkeitsgrad. Englischsprachige Versionen können im bilingualen Unterricht zum Einsatz kommen.

STOLPERSTEINE

Schülerinnen und Schüler können beim Auftreten von Problemen auch zu zweit an einem Computer arbeiten und/oder die Lösungsmethoden und Lösungsanleitungen nutzen.

Name:		Sudoku	KV 21
Klasse:	Datum:		

数独 – Isoliere die Zahlen

- Schreibe die Internetadresse für das gewählte Sudoku-Angebot auf.

___

- Schau dir die Hinweise, Hilfen usw. zum Sudoku an.
- Schreibe wichtige Informationen zum Spielablauf (Spielregeln) stichpunktartig auf.

___

___

___

___

___

___

___

___

- **ZUM ÜBEN:** Ergänze die passenden Ziffern im ersten Sudoku.
- **ONLINE** geht es weiter. Fülle die anderen 5 Sudokus aus. Markiere die jeweils vorgegebenen Ziffern.

		8	3		9	1		
9				6				4
		7	5		4	8		
	3	6				5	4	
		1				6		
	4	2				9	7	
		5	9		7	3		
6				1				8
		4	6		8	2		

Autor: Ricardo John • XY ... schnell gelöst! • Lernspiele für Mathematik • Klasse 5–10 • Grafik: Stefan Giertzsch

Zahlenmauern – online

Klassenstufe	5 bis 10
Sozialform	Einzel- oder Partnerarbeit
Kompetenzen	Die Schüler trainieren das Kopfrechnen mit den Grundrechenarten und fördern ihr komplexes, systematisches und logisches Denken.
Material	ein Computer oder Smartphone mit Internetzugang und entsprechende Online-Angebote.
Einbindung in den Unterricht	Das Lösen von Zahlenmauern lässt sich durchgängig in sämtliche Übungsphasen integrieren. Besonders geeignet sind sie für die Vorbereitung von Tests und Prüfungen.

Mit diesem Spiel üben die Schülerinnen und Schüler die Grundrechenarten mit unterschiedlichen Schwierigkeitsgraden und trainieren logisches Denken und systematisches Vorgehen.

ABLAUF UND MATERIALBESCHREIBUNG

Verschaffen Sie sich zunächst einen Überblick mit Internet-Suchmaschinen hinsichtlich geeigneter Online-Angebote. Testen und vergleichen Sie unbedingt mehrere Angebote, da die qualitativen Unterschiede hinsichtlich Präsentation, Umfang und Bedienung stark abweichen. Die Schülerinnen und Schüler sollten dann nur die von Ihnen autorisierten Angebote nutzen. Besonders interessant ist der Einsatz von Zahlenmauern (Zahlenpyramiden, Zahlentürme) aus der Sicht der Differenzierung durch Art und Umfang der Vorgaben, Anzahl der Ebenen (Levels), der Wahl der Rechenart und der Zahlenformate (Natürliche Zahlen, Ganze Zahlen, Rationale Zahlen). Die Schüler können weitgehend selbstständig arbeiten, da die Angebote auch Anleitungen, Beispiele und Lösungsmethoden bereitstellen. Den Spielverlauf protokollieren die Schüler partiell (KV 22).

SPIELREGELN

- Die Zahlenmauer bestehen aus Steinen (Zellen) und Ebenen.
- Die Summe, Differenz oder Produkt von zwei benachbarten Zellen ergibt den Inhalt der mittig darüberliegenden Zelle.

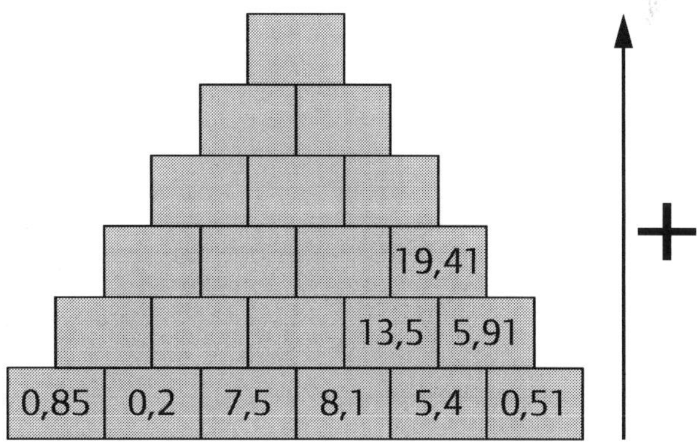

Grafik: Stefan Giertzsch

ALTERNATIVEN UND MÖGLICHKEITEN DER WEITERARBEIT

Die Schüler können Vorgaben und Lösungen unterschiedlicher Zahlenmauern kreieren und im Wechsel mit Mitschülern lösen und lösen lassen.

STOLPERSTEINE

Beim Auftreten von Problemen ist eine Partnerarbeit empfehlenswert und/oder der Blick in ein „Erklärvideo".

Name:		Zahlenmauer und Grundrechenarten	KV 22
Klasse:	Datum:		

Zahlenmauern – online

- Schreibe die Internetadressen für die Online-Zahlenmauern-Angebote auf.

____

____

- Öffne die vorgegeben Internetseiten.
- Wie lauten die wichtigsten Regeln für das Erstellen von Zahlenmauern?

____

____

____

____

____

- **ZUM ÜBEN:** Ergänze die passenden Zahlen in der Zahlenmauer.
- **ONLINE** geht es weiter. Zeichne selbst 3 Zahlenmauern vollständig auf, die du gelöst hast.

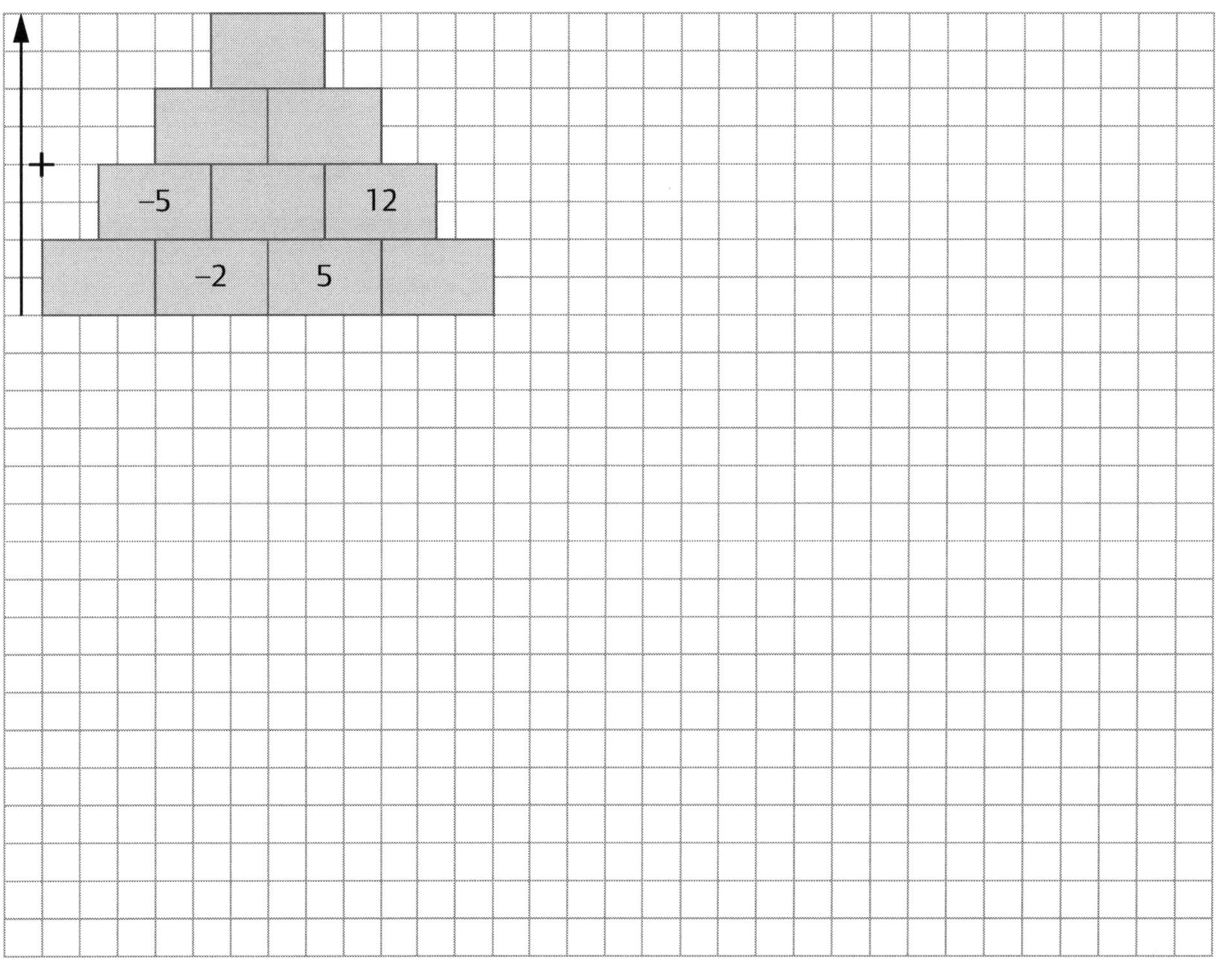

Autor: Ricardo John • XY ... schnell gelöst! • Lernspiele für Mathematik • Klasse 5–10 • Grafik: Stefan Giertzsch

Kreuzworträtsel – online

Klassenstufe	7 bis 10
Sozialform	Einzel- oder Partnerarbeit
Kompetenzen	Die Schüler trainieren das Formulieren von Fragen und das Strukturieren von passenden Antworten zu einem Teilbereich der Mathematik.
Material	eine Stoppuhr, ein Computer mit Internetzugang und Online-Angebote zum Kreieren von Kreuzworträtseln
Einbindung in den Unterricht	Kreuzworträtsel können in allen Unterrichtsphasen und im Vertretungsunterricht sinnvoll eingesetzt werden.

Mit diesem Spiel wiederholen und üben die Schülerinnen und Schüler Grundbegriffe und Kurzdefinitionen zu einem vorgegebenen Teilgebiet der Mathematik.

ABLAUF UND MATERIALBESCHREIBUNG

In der Vorbereitung geben Sie das Rätselthema und die Anzahl der Fragen vor. Es ist empfehlenswert, dass die Schüler zunächst die Fragen und Antworten aufschreiben (KV 23) und/oder ein fertiges Kreuzworträtsel lösen (KV 24). Anschließend öffnen die Schüler die von Ihnen ausgewählte und getestete Interseite zum automatischen Erstellen eines Kreuzworträtsels. Wurden alle Fragen und Antworten in die Maske eingeben, wird mit einem Klick auf den Erstellungs-Button das Rätsel generiert. Entscheiden Sie sich für eine Möglichkeit der Sicherung der erstellten Rätsel (auf der Anbieterseite speichern, direkt ausdrucken, als PDF-Datei oder als Bildschirmfoto sichern). In einer folgenden Stunde werden die Rätsel innerhalb der Lerngruppe ausgetauscht und gelöst. Notieren Sie unbedingt auch die Zeit für die Auswertung, die die Schüler zum Lösen benötigten. Sie oder die Schüler selbst kontrollieren anschließend die Lösungen. Gewonnen hat, wer das Rätsel richtig und am schnellsten gelöst hat.

SPIELREGELN

- Formuliere sehr kurze Fragen.
- Die Antwort besteht nur aus einem Wort.
- Die gesuchten Wörter werden senkrecht oder waagerecht in benachbarte Kästchen eingetragen.
- Alle Buchstabengruppen müssen einen Sinn ergeben.

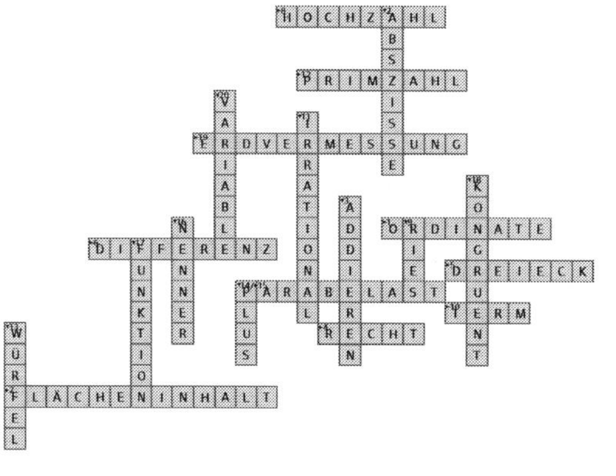

Grafik: Stefan Giertzsch

ALTERNATIVEN UND MÖGLICHKEITEN DER WEITERARBEIT

Aus den Fragen können Sie einen Test generieren und als Kreuzworträtsel zur Leistungsüberprüfung einsetzen oder als Teil eines Tests.

STOLPERSTEINE

Als Anregung für sinnvolle Fragen können leistungsschwächere Schülerinnen und Schüler ihren Hefter, das Lehrbuch oder andere Quellen nutzen.

Name:		Kreuzworträtsel	KV 23
Klasse:	Datum:		

Vertikal und horizontal

- Wie lautet das Thema für das Kreuzworträtsel?

  ____

- Schreibe die Fragen und die richtigen Antworten in Klammern dahinter auf.

  1 ______________________________

  2 ______________________________

  3 ______________________________

  4 ______________________________

  5 ______________________________

  6 ______________________________

  7 ______________________________

  8 ______________________________

  9 ______________________________

- Notiere die Internetadresse für den Kreuzworträtselgenerator.

  ____

- Lade die Internetseite und lies zunächst die Hinweise zum Erstellen eines Kreuzworträtsels.
- Gib nun deine Fragen und die richtigen Antworten in die Maske ein.
- Klicke auf den Rätsel-Erstellungs-Button.
- Überprüfe das Kreuzworträtsel hinsichtlich der Rechtschreibung. Fehler können in der Regel noch korrigiert werden.
- Wie sollst du dein Kreuzworträtsel sichern?

  ____

RÄTSEL GENERIEREN

Autor: Ricardo John • XY ... schnell gelöst! • Lernspiele für Mathematik • Klasse 5–10 • Grafik: Stefan Giertzsch

Name:		Kreuzworträtsel	KV 24
Klasse:	Datum:		

Mathematik-Kreuzworträtsel

1 Wie heißt die *x*-Achse?
2 Wie heißt die *y*-Achse?
3 Was ist Zusammenzählen?
4 Wie ist ein 90°-Winkel?
5 In welcher Figur ist die Innenwinkelsumme 180°?
6 Wie heißt das Ergebnis einer Subtraktion?
7 Welche Größe wird in cm^2 angegeben?
8 Wie heißt ein anders Wort für Exponent?
9 Wie lautet der Nachname des berühmten Mathematikers Adam ...?
10 Was ist ein sinnvoller Rechenausdruck?
11 Wie bezeichnet man Zahlen wie Pi?
12 Wie heißt eine Zahl, die nur durch 2 und sich selbst teilbar ist?
13 Welcher Körper hat 6 gleich große Flächen?
14 Wie nennt man das Plus-Zeichen?
15 Wie heißt der Graph einer quadratischen Funktion?
16 Wie nennt man den Wert unter einem Bruchstrich?
17 Was ist eine eindeutige Zuordnung?
18 Wie sind zwei gleich große Flächen?
19 Was heißt Geometrie?
20 Wie heißt ein anderes Wort für Platzhalter?

○ Löse nun das Rätsel. Miss die benötigte Zeit: ________ Sekunden.

Autor: Ricardo John • XY ... schnell gelöst! • Lernspiele für Mathematik • Klasse 5–10 • Grafik: Stefan Giertzsch

Würfeln – online

Klassenstufe	7 bis 10
Sozialform	Einzel- oder Partnerarbeit
Kompetenzen	Die Schüler führen ein Zufallsexperiment im Internet durch, werten es hinsichtlich statistischer Größen aus und berechnen Wahrscheinlichkeiten.
Material	**Online-Würfeln** und **Kniffel:** ein Computer (alternativ ein Smartphone) mit Internetzugang, passende Internetangebote
Einbindung in den Unterricht	Besonders gut für die Einführung der statistischen Größen absolute und relative Häufigkeit und die Berechnung von Wahrscheinlichkeiten bei mehrstufigen Zufallsexperimenten geeignet.

Die Schülerinnen und Schüler erarbeiten und üben selbstständig mit einem virtuellen Würfel das Erfassen, Sortieren, Auswerten und Darstellen von Datenreihen.

ABLAUF UND MATERIALBESCHREIBUNG

Beginnen Sie mit der Charakterisierung eines Zufallsexperimentes (bzw. in unserem Kontext eines Zufallsspiels). Man kann es unter gleichen Bedingungen beliebig oft wiederholen. Alle möglichen Ergebnisse des Experimentes sind vorher bekannt. Das konkrete Ergebnis ist aber zufällig. Die Schülerinnen und Schüler nehmen dann in Einzel- oder Partnerarbeit die Datenreihe mit einem virtuellen Würfel auf einer Internetseite auf:

- Sie würfeln eine bestimmte Anzahl (z. B. 50-mal).
- Sie Würfeln eine bestimmte Zeit (z. B. 5 Minuten).

Während des Würfelns führen die Schüler selbstständig eine Strichliste und bestimmen anschließend die absolute und relative Häufigkeit der Augenzahlen (KV 13). Innerhalb der weiteren Auswertung stellen die Schüler die Verteilung in einem Kreisdiagramm dar und berechnen die Wahrscheinlichkeiten der Augenzahlen.

SPIELREGELN

- Öffne eine Internetseite mit virtuellen Würfeln.
- Beachte die Hinweise zum virtuellen Würfel auf der Seite.
- Die Anzahl der Würfe oder die Spielzeit werden vorgegeben.
- Führe eine Strichliste während des Würfelns.
- Gewonnen hat, wer insgesamt die größte Summe der Augenzahlen erreicht hat.

ALTERNATIVEN UND MÖGLICHKEITEN DER WEITERARBEIT

- Nach den einzelnen Experimenten können Sie die Ergebnisse z. B. auf einem Smartboard zusammentragen, die insgesamten Häufigkeiten ermitteln und mit den einzelnen Ergebnissen vergleichen lassen. Es sollte eine deutliche Gleichverteilung erkennbar werden. Mit den Angaben zur Wahrscheinlichkeit und dem Übergang zu mehrstufigen Zufallsexperimenten können Baumdiagramme thematisiert werden. Für die Auswertung nutzen Sie das Arbeitsblatt für den herkömmlichen Spielwürfel (KV 13).
- Im Internet finden Sie weitere interessante Online Würfelspiele. Das Spiel **Kniffel (Yahtzee oder Yatzi)** eignet sich gut zum virtuellen Durchführen komplexer mehrstufiger Zufallsexperimente.

SPIELREGELN

- Gespielt wird mit 5 virtuellen Würfeln.
- Pro Runde darfst du 3-mal würfeln.
- Würfel mit passenden Augenzahlen legst du zur Seite und würfelst mit den restlichen Würfeln weiter.
- Nach dem zweiten Wurf kannst du Würfel, die du zur Seite gelegt hast, wieder aufnehmen.
- Spätestens nach dem dritten Wurf musst du dich für eine freie Kategorie (EINER, ZWEIER ...) entscheiden.
- In der gewählten Kategorie erscheint die gewürfelte Augenzahl oder du streichst eine Kategorie, die dann mit 0 gewertet wird.
- Die Punkte (+ 35 Bonuspunkte) werden automatisch berechnet. Gewonnen hat der Spieler mit der höchsten Gesamtsumme.

Im Rahmen der Auswertung berechnen die Schülerinnen und Schüler die Wahrscheinlichkeiten unterschiedlicher Ereignisse (5 Gleiche, Große Straße ...) bei ein- und zweimaligem Würfeln. Die Wahrscheinlichkeiten stellen die Schüler in Baumdiagrammen dar.

Für das Kniffel-Spiel finden Sie auch Angebote für den **bilingualen Unterricht.**

STOLPERSTEINE

Die Berechnungen der relativen Häufigkeit geht auf die Prozentrechnung zurück, die erfahrungsgemäß in diesem Kontext wiederholt werden muss. Gleiches gilt für das Erstellen eines Kreisdiagramms.
Die Berechnung der Wahrscheinlichkeit mit der Summen- und Multiplikationsregel für mehrstufige Zufallsexperimente und ihre Darstellung im Baumdiagramm sollte bei Schwierigkeiten an einem Beispiel gemeinsam vorgenommen werden.

Die Grundstücksplaner

Klassenstufe	7 bis 10
Sozialform	Partner- oder Gruppenarbeit
Kompetenzen	Die Schüler planen geometrische Flächen nach vorgegebenen Größen und stecken diese auf einem geeigneten Gelände (Sportplatz, Park, Schulhof ...) ab.
Material	Seile oder Bindfaden (alternativ Kreide), Pflöcke (z. B. Holzstäbe), Gummihammer, Tafeldreieck, Zollstock
Einbindung in den Unterricht	Erarbeitung der Größe Flächeninhalt bzw. Anwendungen zur Bestimmung des Flächeninhaltes unterschiedlicher Figuren.

Die Schülerinnen und Schüler konzipieren aus den vorgegebenen Angaben unterschiedliche geometrische Flächen, stecken diese dann innerhalb eines Wettbewerbs praktisch ab und nehmen Berechnungen zu den Figuren vor.

ABLAUF UND MATERIALBESCHREIBUNG

Bei trockenem Wetter begeben Sie sich mit der Lerngruppe auf eine größere Rasenfläche (Sportplatz, Schulhof, Park, Wiese ...). Die Schülerinnen und Schüler erhalten eine Grundausrüstung (Seile, Bindfaden, Gummihammer, Dreieck, Zollstock). Entsprechend dem Leistungsniveau (Niveau A oder B) und der Jahrgangsstufe wählen Sie für jedes Partnerduo bzw. Gruppe eine geeignete Aufgabe aus (AUFGABENKARTEN). Die hier vorgeschlagenen Aufgaben können Sie modifizieren und ergänzen. Die Schüler sollten ihre Überlegungen zur Planung und die Spieldurchführung unbedingt protokollieren (KV 25). Planen Sie genügend Zeit für die Überprüfung der Konstruktionen (Nachmessen, Skizzieren und Fotografieren) ein. Die Kontrolle kann auch im Wechsel durch andere Gruppen erfolgen. Gewonnen haben die Gruppen, die die Vorgaben gut umgesetzt haben.

SPIELREGELN

- Beginnt mit dem Signal das Spiel.
- Lest aufmerksam die Aufgaben und Hinweise auf den AUFGABEBNKARTEN.
- Plant gemeinsam euer Vorgehen.
- Benutzt nur die vorgegebenen Materialien.
- Seid vorsichtig beim Einschlagen der Pflöcke (Verletzungsgefahr!).
- Notiert die Ergebnisse, skizziert oder fotografiert die Konstruktion.
- Das Spiel endet wieder mit einem Signal.

STOLPERSTEINE

Einen geeigneten Ort zu finden, könnte sich eventuell als problematisch gestalten. Wenn Sie den Sportplatz nutzen wollen, fragen Sie unbedingt nach, ob das Einbringen von Pflöcken erlaubt ist. Falls nur eine relativ keine Fläche zur Verfügung stehen sollte, empfiehlt es sich, die Werte aus den Aufgaben entsprechend anzupassen. Alternativ können Sie das Spiel selbst auf einer betonierten bzw. asphaltierten Fläche durchführen. In diesem Fall verwenden die Schülerinnen und Schüler Kreide und zeichnen die Flächen auf den entsprechenden Untergrund.

AUFGABENKARTEN

1. NIVEAU A
Quadrat
Steckt ein quadratisches Feld ab.
Die Seitenlänge soll 2,50 Meter betragen.
Beachtet die rechten Winkel.

1. NIVEAU B
Quadrat
Steckt ein quadratisches Feld ab.
Die Diagonale soll 2 Meter lang sein.
Beachtet die rechten Winkel.

2. NIVEAU A
Rechteck
Steckt ein rechteckiges Feld ab.
Die Seitenlängen sollen 1,20 Meter und 3,40 Meter betragen.
Beachtet die rechten Winkel.

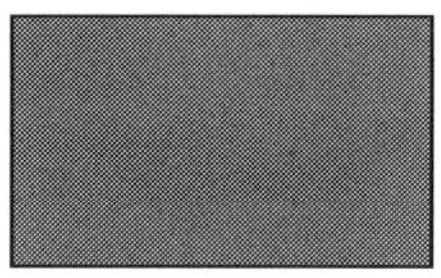

2. NIVEAU B
Rechteck
Steckt ein rechteckiges Feld ab.
Der Flächeninhalt soll $3\,m^2$ betragen.
Beachtet die rechten Winkel.

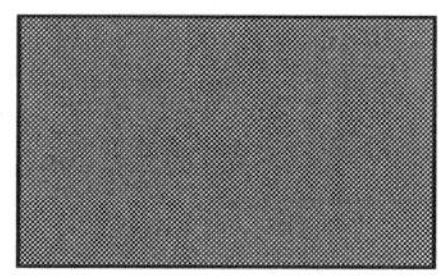

3. NIVEAU A
Dreieck
Steckt ein dreieckiges Feld ab.
Das Dreieck soll rechtwinklig und gleichschenklig sein.
Die Schenkellänge beträgt 1,60 Meter.

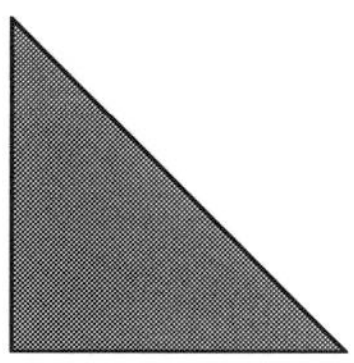

3. NIVEAU B
Dreieck
Steckt ein dreieckiges Feld ab.
Der Innenwinkel α beträgt 35°.
Die Seite b soll 2,45 m und die Seite c soll 3 m lang sein.

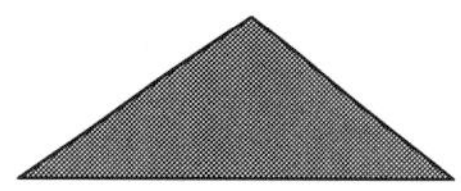

4. NIVEAU A
Drachenviereck
Steckt ein Feld in der Form eines Drachens ab.
Die Diagonalen sind 1,60 Meter und 2,4 Meter lang.

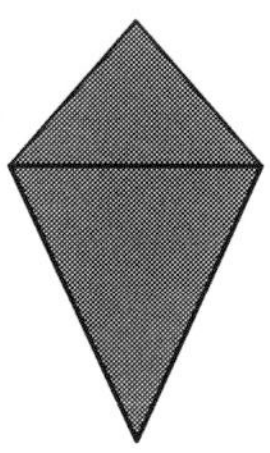

4. NIVEAU B
Drachenviereck
Steckt ein Feld in der Form eines Drachens ab.
Die Diagonale e ist 1,60 m und die Seite a ist 2 m lang.

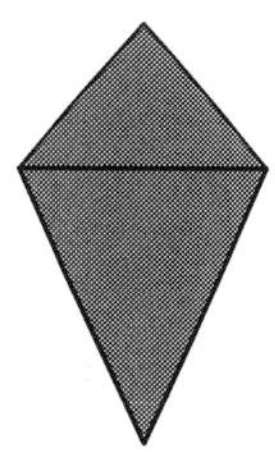

5. NIVEAU A
Trapez
Steckt ein trapezförmiges Feld ab.
Gegeben sind: $a = 3\,m$, $c = 2\,m$ und $h = 1{,}5\,m$.

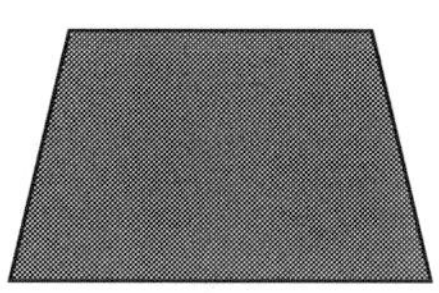

5. NIVEAU B
Trapez
Steckt ein trapezförmiges Feld ab.
Gegeben sind: $a = 3\,m$, $e = 2\,m$ und $f = 1{,}5\,m$.

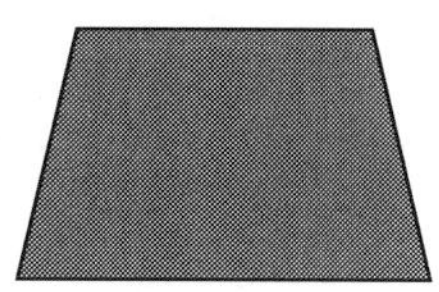

Name:		Flächen und Figuren	KV 25
Klasse:	Datum:		

Grundstücksplaner

- Deine Spielpartner sind ______________________________

  ____

- Wie lautet eure Aufgabe?

  ____

  ____

  ____

- Beschreibt euer Vorgehen.

  ____

  ____

  ____

  ____

- Skizziert die Fläche maßstabsgerecht.

- Wie groß ist der Flächeninhalt? ______________________________
- Wie groß ist der Umfang? ______________________________

Autor: Ricardo John • XY ... schnell gelöst! • Lernspiele für Mathematik • Klasse 5–10 • Grafik: Stefan Giertzsch

Ich bau dir ein Haus!

Klassenstufe	9 und 10
Sozialform	Partner- oder Gruppenarbeit (3 bis 4 Schüler)
Kompetenzen	Die Schüler üben das räumliche Vorstellungsvermögen, entwerfen einen komplex zusammengesetzten Körper, bauen diesen aus einzelnen Körpern zusammen und nehmen umfangreiche Berechnungen vor.
Material	Bauvorlagen, Bastelkarton, eine Schere, ein Klebestift oder Klebestreifen, Büroklammern, ein Lineal, Körpernetze
Einbindung in den Unterricht	Nutzung als zusammenfassende komplexe Übung und Anwendung zum Thema Körper und Formen.

Die Schülerinnen und Schüler trainieren ihr Wissen und Können über Eigenschaften geometrischer Körper, messen Längen und berechnen Volumen und Oberfläche.

ABLAUF UND MATERIALBESCHREIBUNG

Für dieses Spiel sollten Sie eine Doppelstunde einplanen.

Planungsphase: Die Gruppen planen und skizzieren (Bauplan) ein Gebäudemodell unter dem Titel „Ich bau dir ein Haus!". Entsprechend der Jahrgangsstufe nutzen die Schüler maximal vier im Unterricht behandelte geometrische Körper (Würfel, Quader, Prisma, Kegel, Kreiszylinder, Pyramide ...). Diese setzen sie zu einem komplexen Körper zusammen.

Bauphase: Die Netze der Teilkörper (siehe Körpernetze) kleben die Arbeitsgruppen auf Bastelkarton, schneiden sie aus, falzen sie und kleben sie mit Klebstoff oder mit Klebestreifen und Büroklammern zusammen. Entsprechend dem Bauplan erfolgt anschließend der Zusammenbau der Teilkörper zu einem Haus.

Auswertungsphase: Die Gruppen vermessen die Teilkörper des Gebäudes und nehmen Berechnungen zum Volumen und zur Oberfläche vor. Die Angaben zum Gebäude werden in einem Haus-Steckbrief (KV 26) gesammelt. In einer folgenden Unterrichtsstunde präsentieren die Gruppen ihre Bauten und es erfolgt eine Abstimmung für das Sieger-Haus.

SPIELREGELN

- Wählt 4 Teilkörper aus und entwerft daraus ein schönes Haus.
- Klebt die Körpernetze auf Karton, schneidet sie aus und baut sie zu Körpern zusammen. Die Teilkörper klebt ihr zu einem Haus zusammen.
- Das fertige Haus wird von allen Schülerinnen und Schülern bewertet.
- Die Gruppe mit den meisten Stimmen hat gewonnen.

ALTERNATIVEN UND MÖGLICHKEITEN DER WEITERARBEIT

Gruppen, die schneller fertig sind, gestalten das Modellhaus zusätzlich farbig und versehen es mit weiteren Elementen (Fenster, Türen, Ornamente usw.). Weiterhin kann der Maßstab und können die Dimensionen für ein Original-Haus bestimmt werden.

STOLPERSTEINE

Innerhalb einer Differenzierung kann die Anzahl der Teilkörper entsprechend auf 3 reduziert oder auf mehr als 4 vergrößert werden.

Name:		Hausbau	KV 26
Klasse:	Datum:		

„Ich bau dir ein Haus!"

- Wählt 4 Teilkörper für ein Haus aus.

____

- Skizziert, wie das Haus aussehen soll.

- Baut die 4 Körpernetze zu Körpern und diese zu einem Haus zusammen.
- Berechnet das gesamte Volumen des Hauses (V in cm^3) und die gesamte sichtbare Oberfläche (A in cm^2).
  HINWEISE: Die Längen könnt ihr direkt am Modell-Haus messen. Für die Berechnungen bitte stets die Formel aufschreiben, die Werte einsetzen und das Ergebnis ausrechnen.

- Wie viel Stimmen habt ihr bei der Abstimmung erhalten?

____

Autor: Ricardo John • XY … schnell gelöst! • Lernspiele für Mathematik • Klasse 5–10 • Grafik: Stefan Giertzsch

Körpernetze 1

Würfel

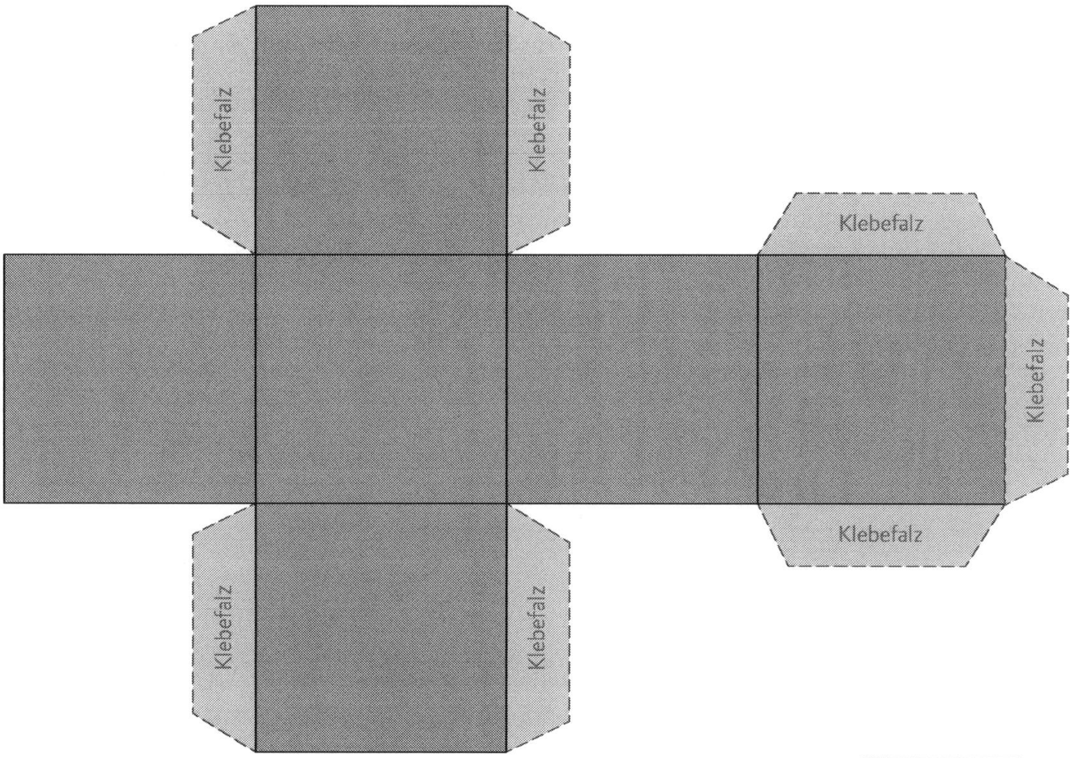

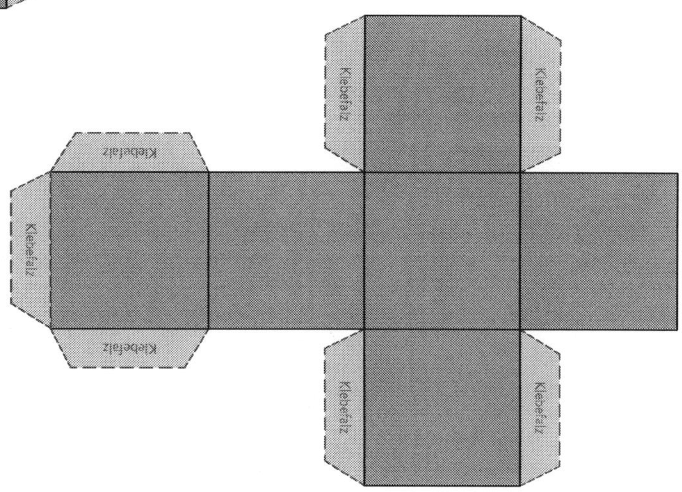

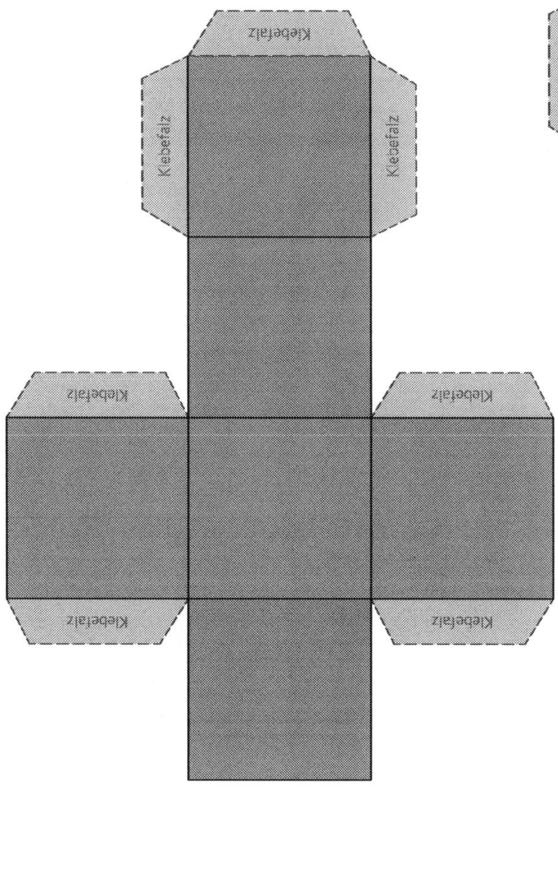

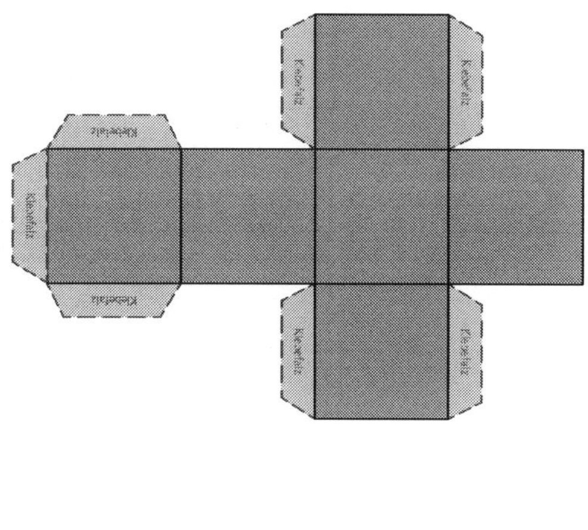

Autor: Ricardo John • XY … schnell gelöst! • Lernspiele für Mathematik • Klasse 5–10 • Grafik: Stefan Giertzsch

Körpernetze 2

Quader

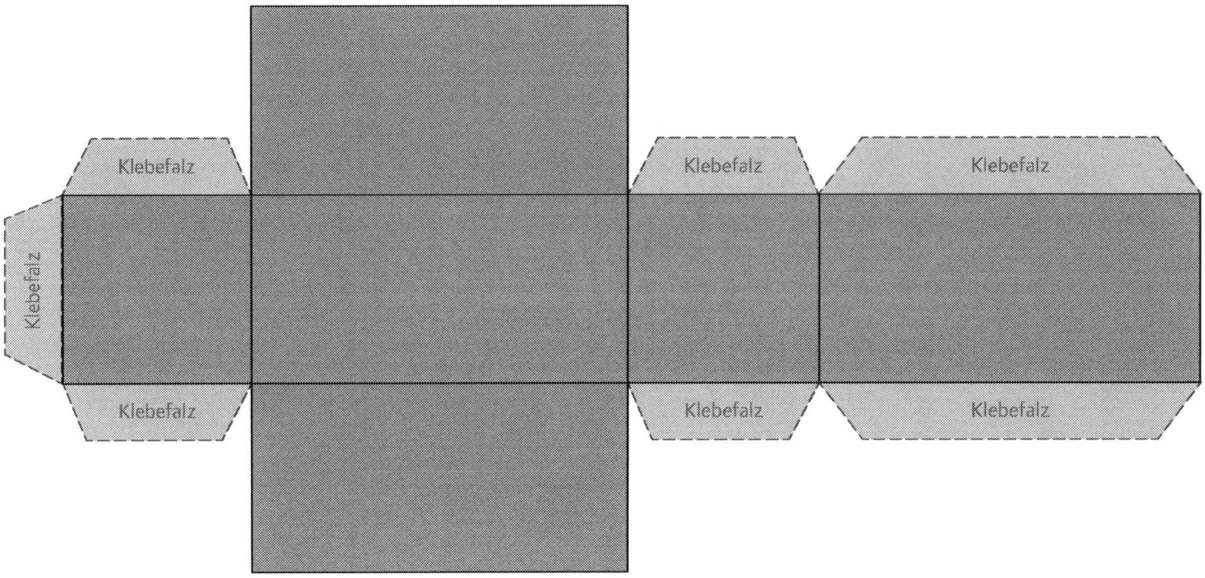

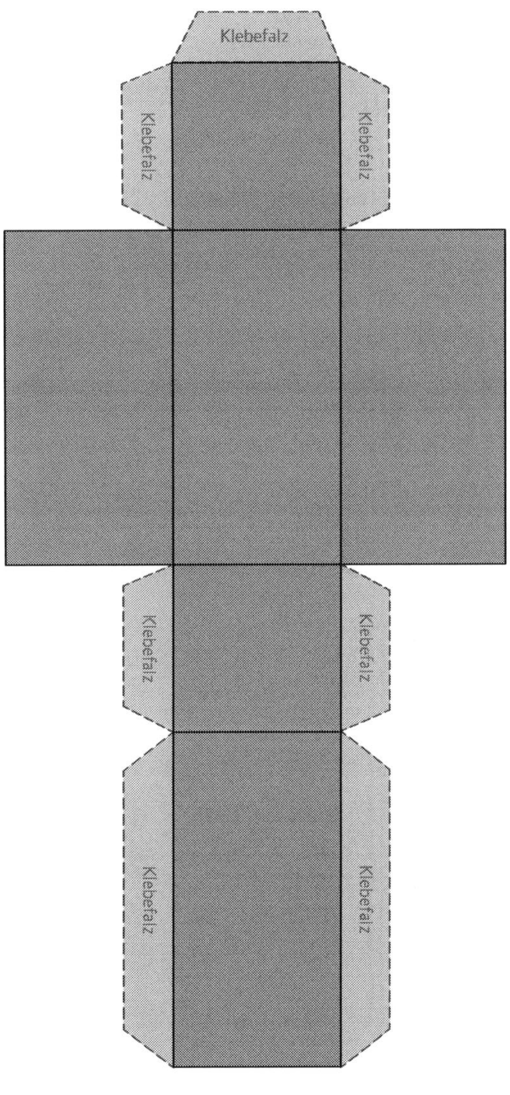

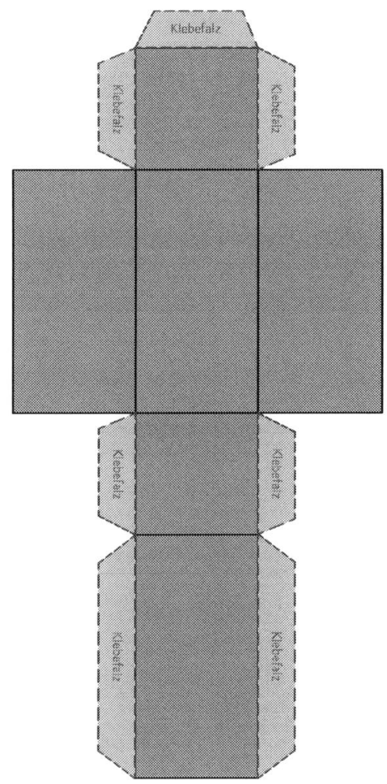

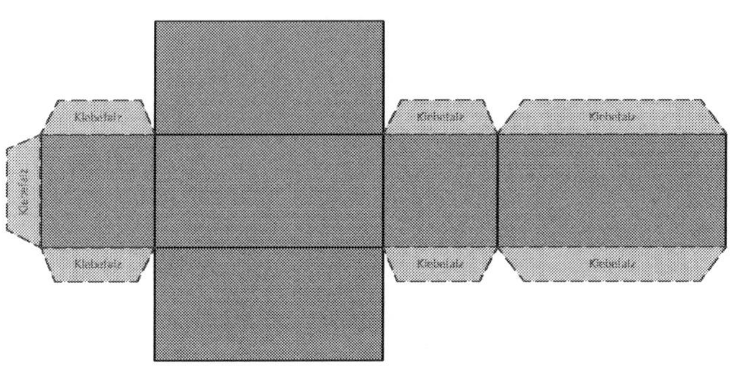

Autor: Ricardo John • XY ... schnell gelöst! • Lernspiele für Mathematik • Klasse 5–10 • Grafik: Stefan Giertzsch

Körpernetze 3

Prismen

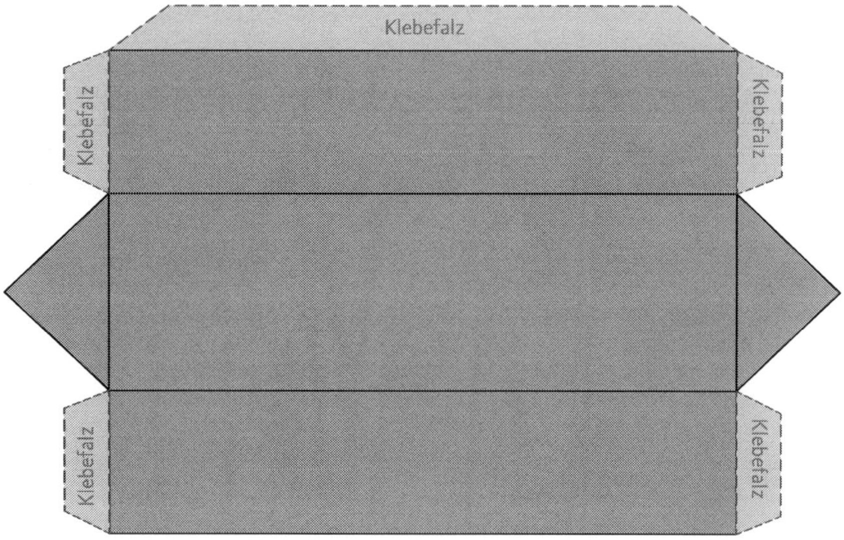

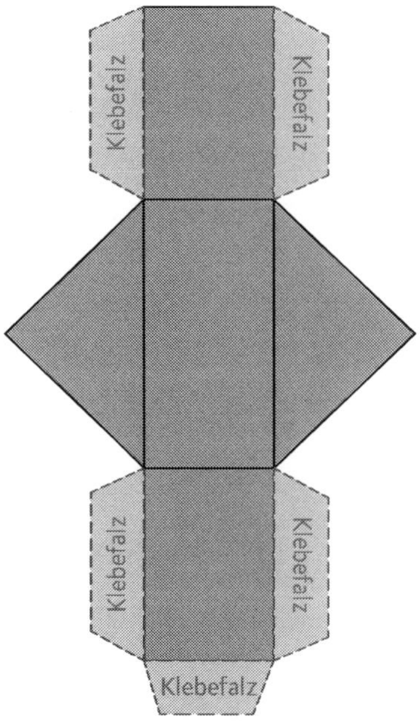

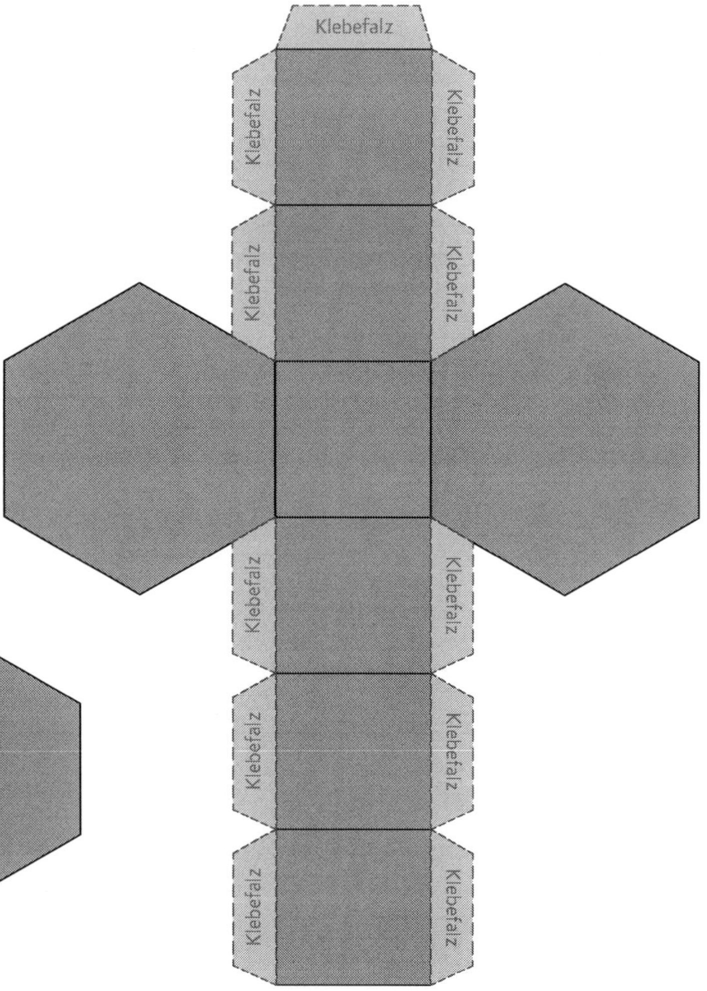

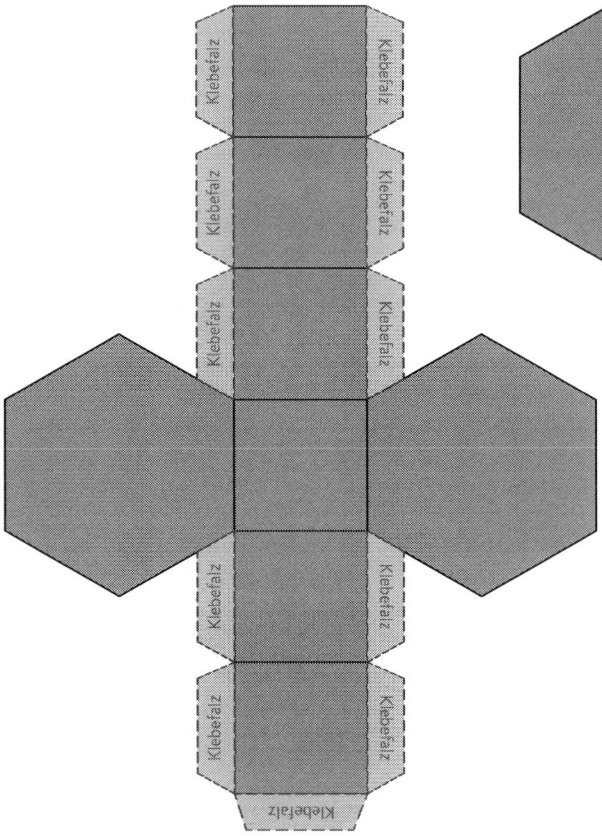

Autor: Ricardo John • XY ... schnell gelöst! • Lernspiele für Mathematik • Klasse 5–10 • Grafik: Stefan Giertzsch

Körpernetze 4

Pyramiden

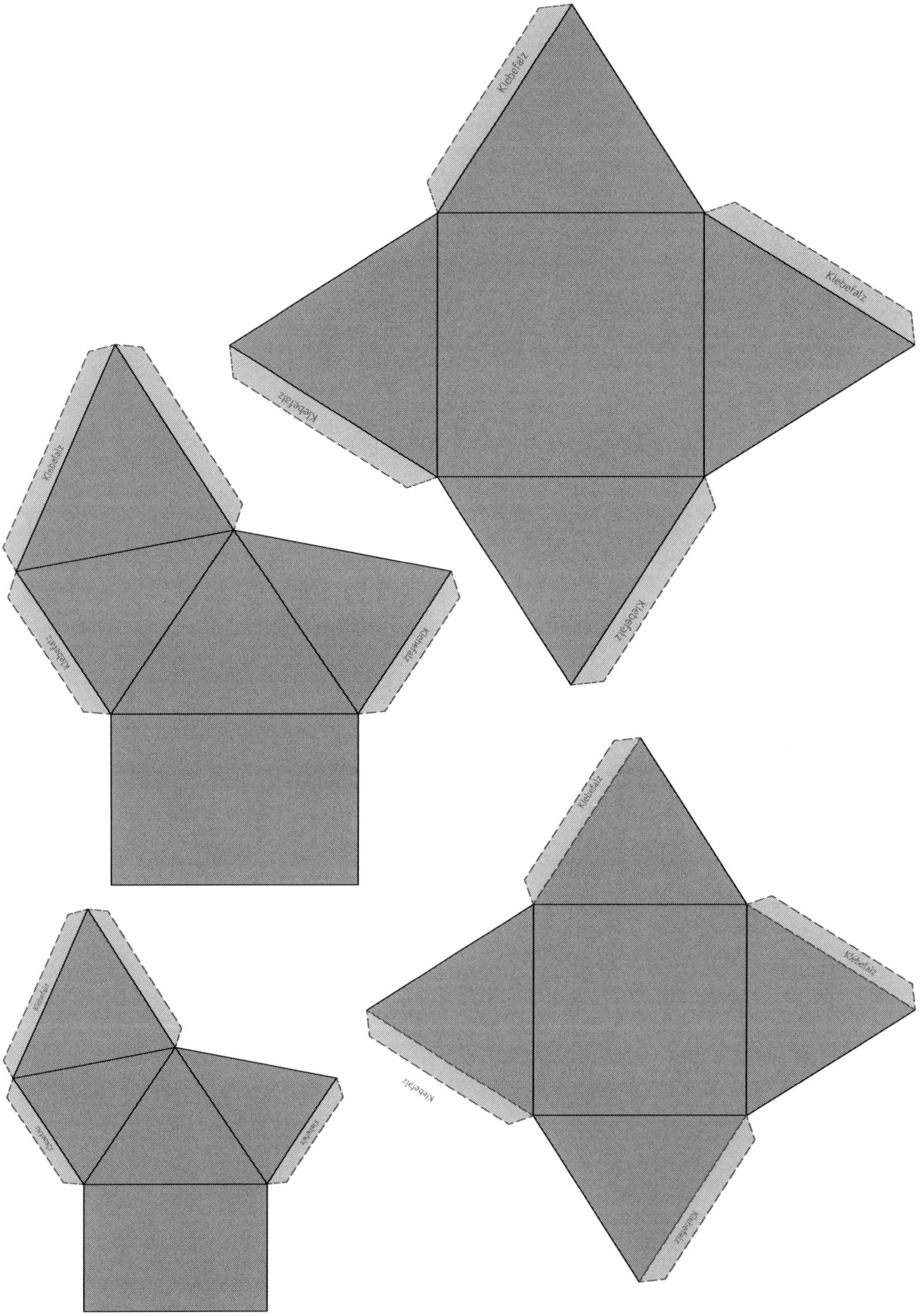

Körpernetze 5

Kreiskegel

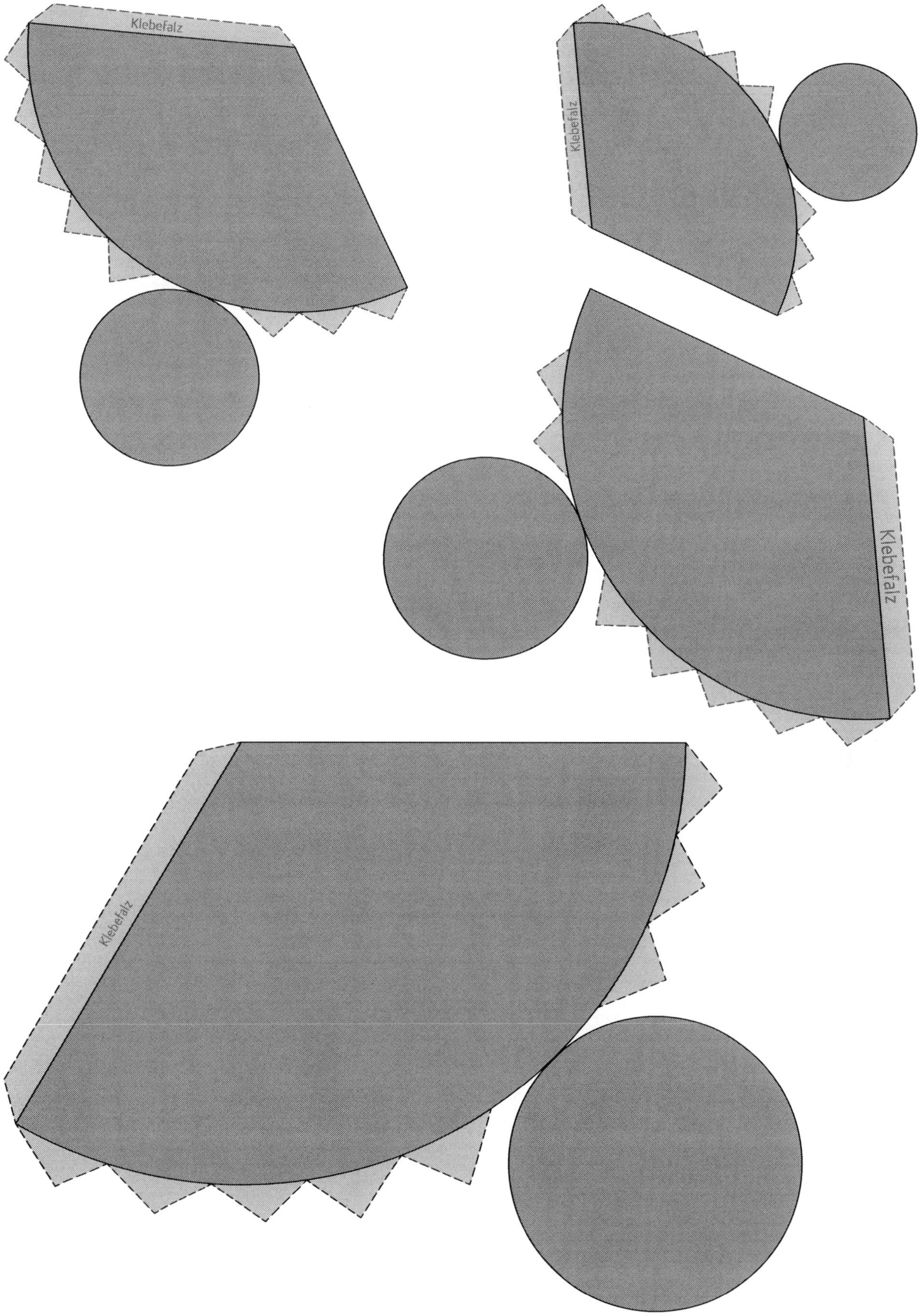

Autor: Ricardo John · XY ... schnell gelöst! · Lernspiele für Mathematik · Klasse 5–10 · Grafik: Stefan Giertzsch

Körpernetze 6

Kreiszylinder

Streichholzrätsel

Klassenstufe	7 bis 10
Sozialform	Einzel- oder Partnerarbeit
Kompetenzen	Die Schüler lösen geometrische Rätsel mit Streichhölzern und recherchieren weitere Streichholzrätsel im Internet.
Material	Streichhölzer (oder Spielstäbe), ein Computer mit Internetzugang und Online-Angeboten (z. B. auf der *Rätselstunde*-Seite)
Einbindung in den Unterricht	Streichholzrätsel eignen sich gut als Ergänzung für die Behandlung geometrischer Flächen und können auch im Vertretungsunterricht sinnvoll eingesetzt werden.

Die Schülerinnen und Schüler kreieren oder modifizieren vorgegebene geometrische Figuren mit Streichhölzern oder virtuell im Internet nach genauen verbalen Vorgaben.

ABLAUF UND MATERIALBESCHREIBUNG

Für die Durchführung von Streichholzrätseln können Sie Rätsel vorgeben und innerhalb einer bestimmten Zeit lösen lassen oder die Schülerinnen und Schüler recherchieren in Einzel- oder Partnerarbeit passende Rätsel im Internet, die dann im Tausch die Mitspieler bearbeiten (KV 27). In einer folgenden Stunde präsentieren die Schülerinnen und Schüler z. B. frontal am Smartboard die Rätsellösungen. Punkte erhalten die Spieler für richtige Lösungen. Für die Berechnungen (auch bei Folgefehlern) vergeben Sie ebenfalls Punkte. Oft gibt es durchaus mehrere Lösungsvarianten.

SPIELREGELN

- Lege die Streichhölzer nach Anleitung um.
- Berechne den Umfang und den Flächeninhalt der Ausgangs- und Lösungsfigur.
- Für richtige Lösungen und Berechnungen erhältst du Punkte.
- Gewonnen hat, wer innerhalb der vorgegebenen Zeit die meisten Punkte gesammelt hat.

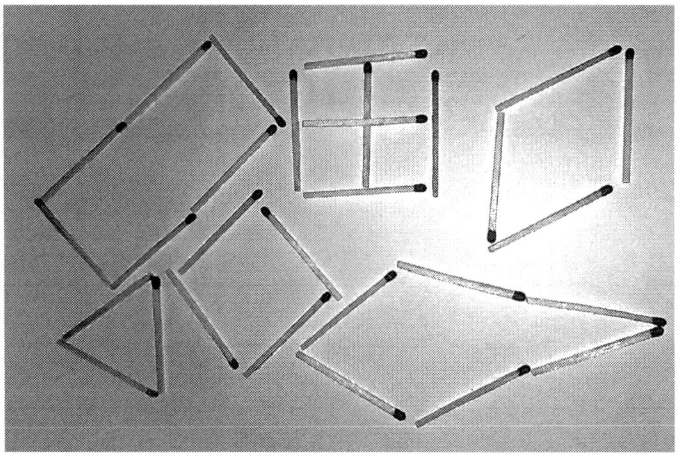

Foto: Ricardo John

ALTERNATIVEN UND MÖGLICHKEITEN DER WEITERARBEIT

Interessierte Schülerinnen und Schüler denken sich selbst Streichholrätsel aus und bereiten diese für ihre Mitschüler auf. Mit den Rätseln gelingt ein schöner Übergang für die Berechnung des Flächeninhalts und des Umfangs zusammengesetzter Flächen.

STOLPERSTEINE

Alternativ können statt Streichhölzer auch diverse Stäbchen benutzt werden. Bei virtuellen Spielen mit Streichhölzern erleichtert das Nummerieren der „Streichhölzer“ die Auswertung.

STREICHHÖLZRÄTSEL (EINE KLEIE AUSWAHL)

Rätsel 1
Lege mit 11 Hölzern ein Haus.
Das Haus besteht aus einem Dreieck und 3 Vierecken.

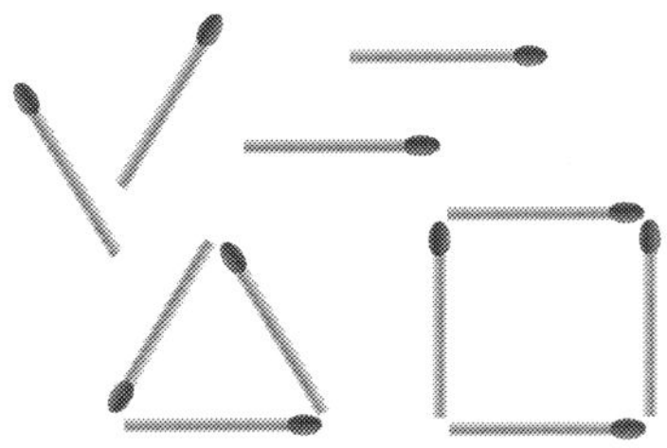

Rätsel 2
Lege 2 Hölzer um.
Es sollen 3 kongruente Dreiecke entstehen.

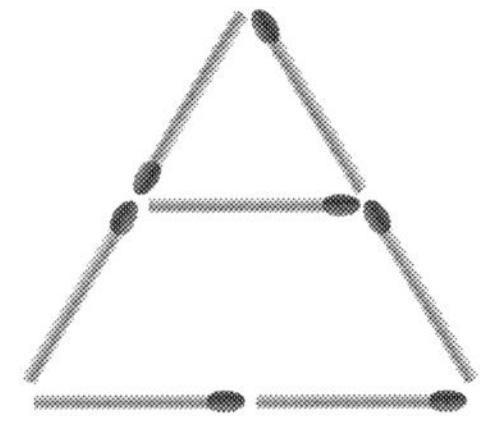

Rätsel 3
Lege 4 Hölzer um.
Es sollen acht gleichgroße Quadrate entstehen.

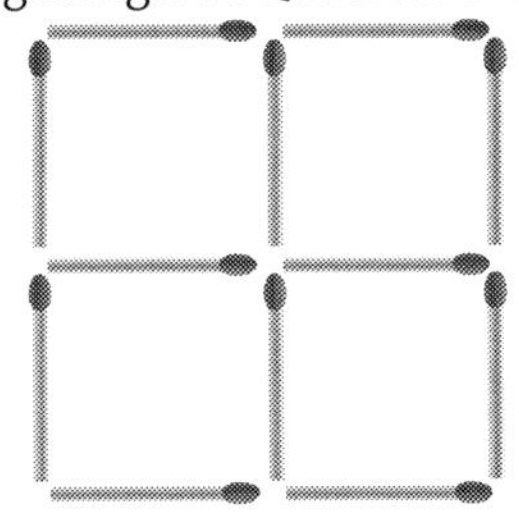

Rätsel 4
Lege 2 Hölzer um.
Es sollen 5 Quadrate entstehen.

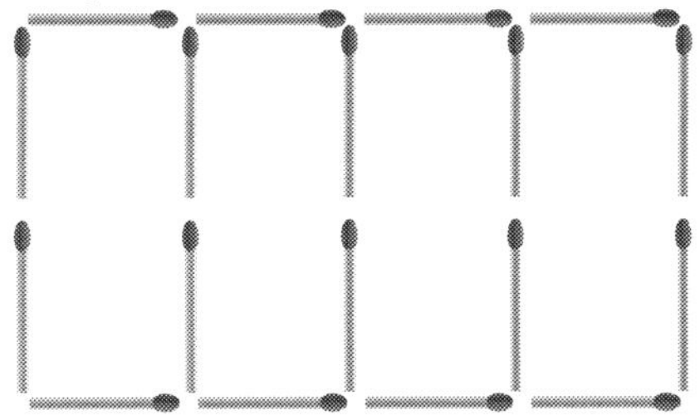

Rätsel 5
Lege 2 Hölzer um.
Es sollen 4 gleichseitige Dreiecke entstehen.

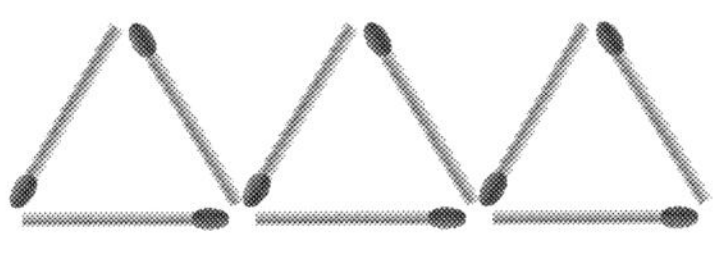

Rätsel 6
Lege ein Holz um.
Es sollen ein Dreieck und 3 Vierecke entstehen.

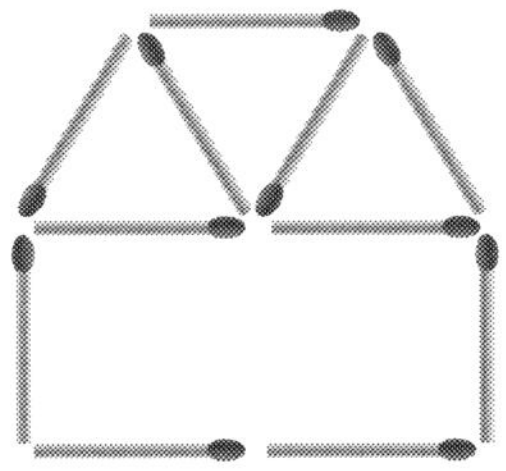

Rätsel 7
Lege 5 Hölzer um.
Die „Waage“ soll dann im Gleichgewicht sein.

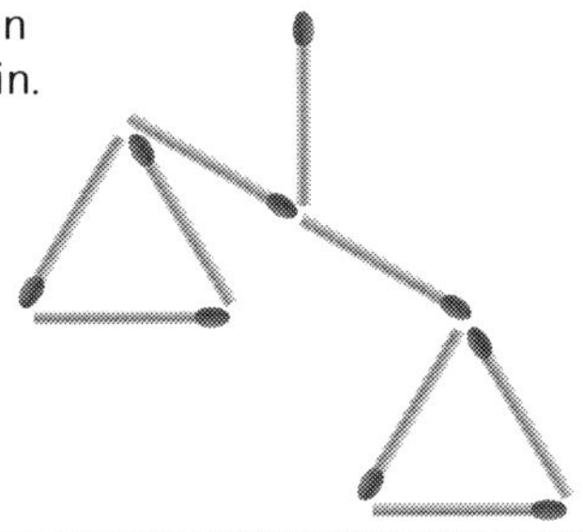

Rätsel 8
Entferne drei Hölzer.
Es sollen 3 gleiche Quadrate entstehen.

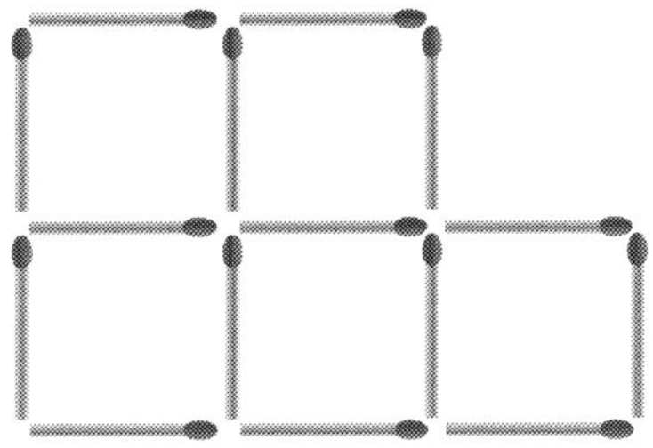

Rätsel 9
Lege 5 Hölzer um.
Es sollen nur zwei Quadrate entstehen.

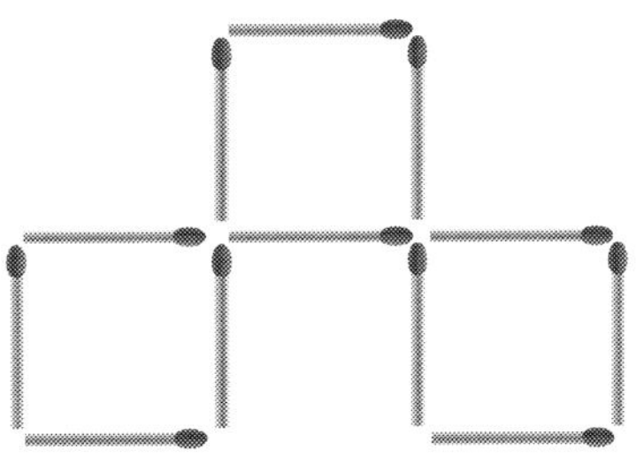

Rätsel 10
Lege 3 Hölzer um.
Es sollen nur 3 Quadrate entstehen.

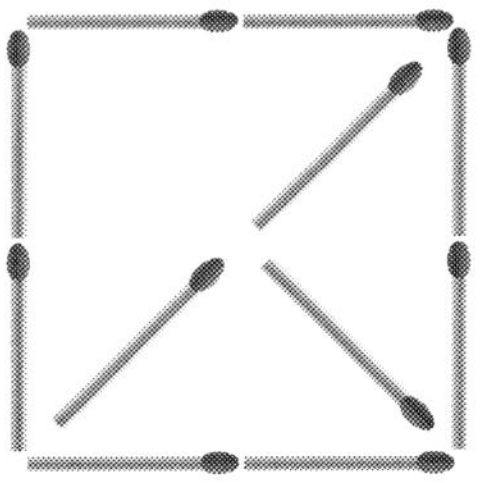

Autor: Ricardo John • XY ... schnell gelöst! • Lernspiele für Mathematik • Klasse 5–10 • Grafik: Stefan Giertzsch

Name:		Streichholzrätsel	KV 27
Klasse:	Datum:		

Formen mit Streichhölzern

- **ZUM „AUFWÄRMEN“:** Lege mit 20 Streichhölzern möglichst viele unterschiedliche Quadrate, Rechtecke und Dreiecke.
- Skizziere die Figuren und berechne jeweils den Umfang und den Flächeninhalt.

- Recherchiere im Internet Streichholzrätsel.
- Skizziere mehrere Rätsel und schreibe die Rätselaufgabe dazu auf.
  HINWEIS: Benutze auch die Blattrückseite.

Autor: Ricardo John · XY ... schnell gelöst! · Lernspiele für Mathematik · Klasse 5–10 · Grafik: Stefan Giertzsch

Zollstock-Figuren

Klassenstufe	5 bis 8
Sozialform	Partnerarbeit
Kompetenzen	Die Schüler generieren unterschiedliche geometrische Formen mit einem Zollstock. Sie berechnen den Flächeninhalt und den Umfang der Figuren.
Material	ein Zollstock
Einbindung in den Unterricht	Komplexe kreative Übung und Anwendung zu den Merkmalen und Berechnungen geometrischer Figuren (Quadrat, Rechteck, Dreieck, Trapez, Raute, Drachen ...).

Das Ziel des Spiels besteht im raschen Erzeugen möglichst vieler geometrischer Figuren und dem Berechnen der Flächeninhalte und Umfänge.

ABLAUF UND MATERIALBESCHREIBUNG

Entsprechend der Jahrgangsstufe und dem Leistungsvermögen der Lerngruppe wählen Sie die Figuren aus oder gehen ohne Vorgaben in das Spiel. Die Schülerinnen und Schüler sollen innerhalb einer vorgegebenen Zeit möglichst viele unterschiedliche Figuren mit einem Zollstock generieren, richtig benennen und skizzieren (KV 28). Gewonnen haben die Schülerinnen und Schüler mit den meisten richtigen Figuren.

SPIELREGELN

- Bildet mit dem Zollstock Figuren.
- Bewegt die Glieder des Zollstocks vorsichtig.
- Habt ihr die Figur fertig, dann fertigt eine einfache Skizze an, bei der die Längen erkennbar sind.
- Bildet nun möglichst viele unterschiedliche Figuren und skizziert sie.
- Gewonnen hat, wer die meisten richtigen Figuren gebildet hat.
- Einen Sonderpreis erhalten die Schüler mit den interessantesten Figuren.

Foto: Ricardo John

ALTERNATIVEN UND MÖGLICHKEITEN DER WEITERARBEIT

- In leistungsstarken Lerngruppen kann alternativ auch mit 2 Zollstöcken gespielt werden, wodurch die Anzahl der Varianten natürlich wesentlich höher ist.
- Im Anschluss an das Spiel nehmen die Schülerinnen und Schüler die Berechnungen zum Flächeninhalt und Umfang (KV 29) vor.

STOLPERSTEINE

Für leistungsschwächere Schüler kann das Spiel auf Quadrate und Rechtecke beschränkt werden. Falls die Maße der Figuren während des Spiels nicht vollständig aufgenommen wurden, können sie nachträglich mit dem Zollstock bestimmt werden. Für alle Figuren bezüglich der sich anschließenden Berechnungen könnte eine Demonstration erforderlich sein.

Name:		Geometrische Formen	KV 28
Klasse:	Datum:		

Bringt den Zollstock in Form!

- Wie lautet eure Aufgabe in Kurzform?

____

- Schreibt wichtige Spielregeln stichpunktartig auf.

____

____

____

____

- Skizziert eure Formen (auch die Rückseite verwenden), schreibt die passende geometrische Form dazu und notiert die Maße der Figur.

- Wie viele Figuren habt ihr gefunden? ____________________

Autor: Ricardo John • XY … schnell gelöst! • Lernspiele für Mathematik • Klasse 5–10 • Grafik: Stefan Giertzsch

Name:		Geometrische Formen	KV 29
Klasse:	Datum:		

Untersuchung der „Zollstock-Figuren“

Nachdem Ihr unterschiedliche Figuren mit einem Zollstock erzeugt habt, führt Ihr nun die Berechnungen durch.

- Berechnet den **Umfang *u*** und den **Flächeninhalt *A*** der Figuren.
  Denkt an den vollständigen Rechenweg.
  - Schreibt zuerst die passende Formel auf.
  - Setzt dann die Werte in die Formel ein.
  - Berechnet nun das Ergebnis.
  - Tragt die Ergebnisse in die Tabelle ein.

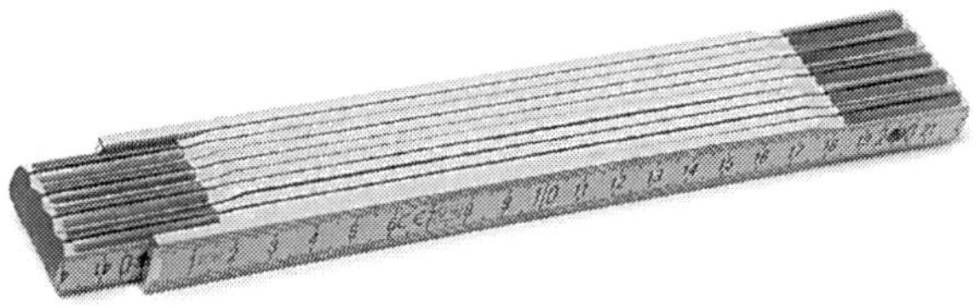

Bezeichnung der geometrischen Form	Umfang u	Flächeninhalt A

Autor: Ricardo John • XY ... schnell gelöst! • Lernspiele für Mathematik • Klasse 5–10 • Foto: Zollstock: shutterstock / JIANG HONGYAN • Grafik: Stefan Giertzsch